아빠,
세상에서 가장 무거운 이름

# 아빠, 세상에서 가장 무거운 이름

**초판 1쇄**     2019년 9월 10일
**2쇄**     2019년 12월 30일

**지은이**     김병준

**발행인**     이상언
**제작총괄**     이정아
**편집장**     조한별

**디자인**     김아름
**진행**     정은아

**펴낸 곳**     중앙일보플러스(주)
**주소**     (04517) 서울시 중구 통일로 86 4층
**등록**     2008년 1월 25일 제2014-000178호
**판매**     1588-0950
**제작**     (02) 6416-3950
**홈페이지**     jbooks.joins.com
**네이버 포스트**     post.naver.com/joongangbooks

ⓒ 김병준, 2019

ISBN  978-89-278-1049-0  03590

중앙북스는 중앙일보플러스(주)의 단행본 출판 브랜드입니다.

아빠,

세상에서 가장 무거운 이름

김병준 지음

중앙books

# 긴 망설임 끝에…

결혼 후 한때 아이가 생기지 않아 조바심을 내었다. 그러다 4년이 다 되어 첫아이가 태어났다. 그리고 곧이어 둘째 아이가 태어났다. 딸 둘, 누구에게나 그러하겠지만 우리 부부에게는 더없이 귀한 아이들이었다. 큰 기쁨으로 맞아 키웠다.

언제부터일까, 이 아이들을 키우면서 마음의 숙제가 하나 생겼다. 언젠가 아이들에게 우리 부부가 어떻게 만나, 어떤 마음으로 낳아서 어떻게 키웠는지에 대한 긴 편지를 하나씩 써주는 것이었다. 그리고 그 '언젠가'는 결혼을 하거나, 아니면 경제적, 사회적으로 독립된 생활을 할 수 있을 때쯤이 좋겠다고 생각했다. 무슨 특별한 이유가 있어서가 아니었다. 그냥 그렇게 우리 부부의 마음을 조금은 무거운 방식으로 전하고 싶었다.

하지만 쉽지 않았다. 첫아이가 결혼을 해서 아이 둘을 낳고, 둘째 아이까지 결혼을 했지만 이런 일에 붙들리고, 저런 일에 바쁘고…. 그러면서 시간은 자꾸 흘러갔다. 하지 않는다고 누구 하나 뭐라 할 사람 없었지만, 그 긴 세월 동안 가슴에 담아온 일이었다. 마음이 점점 초조해졌다.

'어떻게 하면 이 숙제를 하게 될까?' 가장 좋은 방법은 스스로를 옭아매는 것이다. 아내와 두 딸에게, 또 가까운 사람들에게 곧 이 긴 편지를 쓸 것이라 이야기했다. 실없는 사람이 되지 않기 위해서라도 반드시 써야 하는 상황을 만들기 위해서였다.

이야기가 나가자 바로 반응이 있었다. "어떤 내용인데?" "무엇을 쓸 건데?" 어쩔 수 없이 머릿속에 들어 있는 이야기들을 조금씩 했는데, 이게 일을 키우기 시작했다. 우리 아이들에게만 주는 편지가 아니라, 누구나 읽을 수 있는 책으로 묶어보는 것이 어떻겠느냐는 이야기를 듣게 된 것이다.

말이 안 되는 일이라 생각했다. 우선 우리 부부와 아이들의 일이었다. 세상에 드러낼 이유가 없었다. 게다가 그렇게 드러낼 만큼 잘 키웠느냐고 물으면 할 말이 없을 것 같았다. 큰 숨은 이야기가 있는 것도 아니고, 세상을 놀라게 할 정도의 특별한 재능을 가진 아이들로 키워낸 것도 아니었다. 두 아이 모두 평범한 시민이자 사회인, 그리고 스스로 이룬 또 하나의 가족의 아내와 엄마로서 살아가고 있을 뿐이다.

게다가 나 자신은 아동교육이나 심리를 전공하는 학자나 전문가가 아니다. 개인적 경험과 인식을 이야기하는 과정에서 자칫 '무용지식', 즉 없는 것만 못한 지식과 정보를 전달할 수도 있다. '그래 맞다. 책은 내지 않는 것이 옳다. 애초에 생각했던 것처럼 아이들에게 긴 편지나 하나씩 써서 주자.' 몇 번이나 그렇게 마음먹었다.

하지만 이런 마음은 오래가지 않았다. 여러 사람이 조언하기도 했지만, 나 스스로 다소 엉뚱한 질문을 하게 되었기 때문이다. '세상의 부모들이 언젠가 아이들에게 어떤 마음으로 낳아 어떻게 키웠는지에 대한 긴 글을 하나 써준다는 마음으로 아이들을 키우게 되면 어떨까?' 왠지 아이들에 대한 생각이 더 깊어질 것 같았고, 부모들 또한 스스로를 돌아볼 수 있는 기회를 가지게 될 것 같았다.

더 나아가 세상도 좀 더 나아지지 않을까 생각했다. 자식에게 긴 편지를 한 장 남기겠다고 생각하는 사람은 뭐가 달라도 조금은 다르지 않을까? 자식을 좀 더 무겁게, 또 두렵게 생각하고, 그래서 말 한마디를 해도 나름의 철학을 담아서 하고…. 더 나아가 아이들이 살아갈 세상에 대해서도 좀 더 깊이 생각하게 되고, 그러다 보면 세상도 조금은 더 좋아지고….

결국 책을 쓰기로 했다. 부모가 성장한 자식에게 주는 긴 편지의 한 예로 내어놓기로 했다. 아이를 잘 키운 성공담이 아니라, 또 아이를 잘 키우기 위한 지침서가 아니라, 이 땅에서 아이를 키운 부모의 고민과 못난 경험을 고백해보기로 했다. 우리 두 아이들부터 좀 더 무겁고 두려운 마음으로, 또 좀 더 크고 깊은 생각으로 그들의 아이들을 키우길 바라면서.

이 책을 출판해준 중앙일보플러스의 이상언 대표와 단행본본부 이정아 본부장과 조한별 선생께 큰 감사의 말씀을 드린다. 또 이 책에 대한 생각을 이해해주고 받아들여준 아내와 두 딸에게, 또 이미 돌아가셨지만 지금의 우리 가족을 있게 해준 양가의 부모님들께 더없이 큰 감사의 마음을 전한다.

2019년 가을, 김병준

## PART 2 어떤 학교에 보내야 할까?
### 공부, 정상과 비정상의 뒤바뀜

## PART 3　어떤 가족으로 살 것인가?

### 문화와 습관으로서의 한 가족

PART 1

# 어떻게 키워야 할까?

좀 다른 생각, 좀 다른 역량의 아이를 위해

# 또 하나의 만남:
# 딸, 그리고 또 딸

,

## 아이? 지금은 아니야

결혼 후 우리 부부는 한동안 아이를 가지지 않기로 했다. 아내의 생각은 조금 달랐지만 내 의견을 수용해주었다. 아직 유학생의 신분, 재정적 형편도 어렵고 나이도 젊으니 아이는 천천히 갖자는 이야기였다.

실제로 모든 것이 불안했다. 학위를 받는다는 보장도, 또 학위를 받은 뒤 제대로 자리를 잡는다는 보장도 없었다. 장학금도 3년만 나오게 되어 있는 상황이었고, 그 뒤에 무슨 일이 벌어질지 알 수가 없었다. '만일 잘못되면 내 아이들은 어떻게 되지?' 걱정과 불안을 떨칠 수가 없었다.

어린 시절, 가난이 싫었다. 초등학교 1학년 때 지방정부의 간부로 계시던 아버지가 공직을 떠나게 되었고, 이후 초등학교 6년의 대부분을 온 식구가 단칸 월세방에서 살았다. 방학이 되면 하루 두 끼만 먹었다.

초등학교 6학년 때, 집을 사서 이사를 갔다. 화장실도 제대로 없는 방 두 칸짜리 무허가 주택이었다. 도로보다 지대가 낮아 한동안 비가 조금만 와도 영화 〈기생충〉의 주인공 동네 집들처럼 빗물이 넘쳐들었고, 이를 따라 온 동네의 오물이 방 안까지 밀려들곤 했다. 이 집에서 대학 3학년 때까지 살았다.

공직을 그만두신 후 장사를 해보겠다고 나가신 아버지는 하루는 자전거를 잡혀놓고 오시고, 하루는 양복 윗도리를 잡혀놓고 오시곤 했다. 기차표 끊을 돈이 없어 몰래 기차를 탔다가 철도 공안원에게 잡혀 구타를 당하기도 하셨다. 이를 목격한 동네 사람의 연락을 받은 나는 어머니가 급히 구한 돈 몇 푼을 들고 생전 가보지도 않은 역을 찾아가기도 했다. 걸어서 돌아오는 길, 아버지는 단 한마디도 하지 않으셨고, 나는 그런 아버지의 뒤를 10미터쯤 떨어져 따라 걸었다.

싫었다. 좀처럼 흐트러지지 않던 아버지였다. 그런 아버지의 초라하고 구차한 모습이 싫었다. 밤새 편물 기계 앞에 앉아계신 어머니의 모습도 싫었고, 엇나가기만 하는 형의 모습도, 대학을 가겠노라 통곡을 하다 결국 고등학교를 졸업하고 9급 공무원이 되고만 누나의 모습도 싫었다. '잘살지 못할 바에는 차라리 자식을 낳지 않겠다.' 못된 마음도 생겼다.

집안 형편이 조금씩 나아지면서 이 못된 마음이 조금씩 없어졌다. 실제로 내가 대학 고학년이 되었을 때는 제법 산다는 느낌이 들기도 했다. 그러나 그것도 잠시, 아버지가 병석에 누우시면서 집안 형편은 다시 어려워졌다. 결국은 기댈 곳도 없고 미래도 불투명한 유학생의 신분, 다시 그 못된 마음이 고개를 들었다. '잘살지 못할 바에는 차라리 자식을 낳지 않겠다.' 아내에게는 말할 수 없는, 나만의 비밀스러운 두려움이었다.

## 아버지의 선물

1981년 4월 중순, 형이 전화를 했다. 아버지가 돌아가셨고, 장례도 이미 다 치렀다고 했다. 미국에 가 있는 나에게는 장례를 치른 후 알려주라 당부하셔서 그렇게 한 것이라 했다. '아, 아버지, 아버지가 결국⋯.' 환갑도 채 안 된 나이셨다.

고통이 있으셨는지 물었다. 없었다고 했다. 아침에 일어나신 후 어머니에게 오늘을 못 넘길 것 같다고 하셨고, 이후 어머니에게 집 앞 동네 대중탕에 데려다 달라고 하셨단다. 가는 길은 어머니 손을 잡고 걸어서 가시고, 오는 길은 반은 걷고 반은 어머니에게 업혀 오셨다고 했다. 집에 돌아오셔서 손수 한복으로 갈아입으셨고, 대님까지 손수 매신 후 벽에 기대어 계시다가 하나밖에 없는 딸, 누나의 무릎을 베고 눈을 감으셨다고 했다.

내게 남기신 유언이 있느냐 물었다. 당뇨병을 조심하라는 것, 그리고 잘살게 되면 누나를 좀 보살펴주라는 것, 두 가지였다. 당뇨병은 늘 하시던 말씀이지만 누나 이야기는 한 번도 하신 적이 없으셨다. 아, 아버지…. 끝내 대학을 못 가게 한 딸, 시집조차 넉넉하지 못한 집 7남매의 맏이한테 가 고생하는 딸이 그렇게 애처로웠나 보다.

밖으로 나가 한참을 울었다. 결혼식 후 출국 인사를 드릴 때, 아버지 눈에 고인 눈물을 보았다. 아버지도 나도 그것이 서로를 보는 마지막일 것임을 알고 있었다. 새색시인 아내에게도 이것이 마지막 뵙는 것이 될 것이라고 했다.

이미 예상하고 있던 일, 하지만 쏟아지는 눈물을 어쩔 수가 없었다. 슬픔이 아니었다. 서러움이었다. 그보다는 잘살 수 있는 분이셨는데…. 결코 쉽지 않았던 아버지의 인생, 그것이 서러웠다.

한동안 아무 일도 할 수 없었다. 간신히 과제물이나 챙겨내곤 했다. 그러는 과정에 마음에 변화가 생겼다. 아이가 갖고 싶어졌다. 아니, 아버지가 되고 싶어졌다. 이유는 나도 알 수 없었다. 형편이 좋아진 것도 아니고, 미래에 대한 불안감이 사라진 것도 아니었다. 그냥 형편이 되건 안 되건 자식을 가진 아버지가 되고 싶어졌다.

주변의 누군가가 분석(?)을 했다. 아버지가 돌아가시는 바람에 자식을 낳아 代를 이어야 한다는 생각이 강해진 것이라고. 또 다른 누군가가 말했다. 아버지의 마음이 어떠했는지를 알고 싶어서라고. 아니면 아버지가 못다 해준 것을 내 자식에게 해주고 싶어서 그런 것이라고. 글쎄, 무엇이 되었건, 아이를 가지고 싶은 마음이 점점 더 강해졌다. 어떻게 보면 돌아가신 아버지가 주신 선물이자 축복이었다.

## 생기지 않는 아이

하지만 아이를 가지고 싶은 마음과는 달리 아이가 생기지 않았다. 처음에는 그저 그러려니 했다. 그러나 시간이 가면서 불안한 마음이 생겼다. 진작부터 아이를 가지고 싶었던 아내는 더욱 신경을 쓰는 모습이었다. 그래서 그런지 때로 아이가 생긴 것 같다고 착각하는 일도 있었다. 그러다 이내 아닌 것으로 드러나고, 그때마다 아내는 낙담했다.

낙담하는 아내를 보는 것이 더 힘들었다. 결국 한국 교민 의사 한 분의 배려로 병원을 찾았다. 검사 결과 큰 문제는 없다고 했다. 다만 아내 신체에 임신을 방해할 수도 있는 부분적 문제가 있다고 하여 이를 바로잡는 처치를 했다. 하지만 그러고도 아이는 생기지 않았다.

아내를 위로했다. 내가 스트레스가 많아 그런지도 모르니 지켜보자고. 심지어는 엉뚱한 이야기를 하기도 했다. 꼭 생물학적 관계가 있어야 자식이냐고. 정 안 되면 입양을 해서 정성을 들이고 사랑을 입히면 그 아이가 내 아이 아니겠느냐고. 그러면서 마음속으로 다짐했다. 무슨 수를 써서든 아내가 임신을 할 수 있게 하겠다고.

그러는 사이 3년 기한의 장학금이 끝나가고 있었다. 장학 담당 교수를 찾아가 1년 연장이 가능한지를 물었다. 교수가 말했다.
"긍정적으로 검토해줄 수 있다. 다만 그렇게 되면 같은 케이스로 장학금을 신청한 한국의 후배 한 명을 받을 수 없다. 어떻게 하겠느냐?"
다른 사람도 아니었다. 나를 이 학교로 보내준 한국의 지도교수가 추천한 직계 후배였다. 당연히 그럴 수 없다고 말하고 돌아 나왔다.

한 달에 670달러, 지금으로 치면 2,000달러가 채 안 되는 돈이었다. 그것도 여름방학 석 달 동안은 돈이 나오지 않아 나머지 아홉 달을 아껴 이 석 달을 준비해야 했다. 그러나 우리 부부로서는 그것이 유일한 수입원이었다. '어떡하지?' 예상하지 못한 일은 아니었으나, 이 상황을 어떻게 감당해야 할지 엄두가 나지 않았다.

아내가 일을 하겠다고 했다. 장학금을 받고 있는 동안에는 노동허가work permit를 받기 어렵지만, 장학금이 끊긴 상황에서는 받을 수 있지 않겠느냐고 했다. 미안했지만 말릴 수 없었다. 얼마 지나지 않아 아내는 이민국으로부터 '노동허가증'을 받았고, 곧바로 한국 교민이 운영하는 인근 윌밍턴Wilmington시의 신발가게에서 점원 일을 시작했다. 신발을 골라주고, 벗기고, 신겨주는 일이었다.

아침에 아내를 가게에 데려다주고 오후 늦게 데리고 왔다. 고속도로로 왕복 한 시간이 넘는 거리를 매일같이 그렇게 했다. 최저임금도 안 되는 돈을 받으며 하는 일, 하루 20달러나 되었을까. 데리고 오는 길에 어쩌다 맥도날드나 버거킹 햄버거 하나라도 사 먹으면 그게 더없이 큰 외식이었다.

'이런 상황에 어떻게 아이를 가진다는 말인가.' 때로 마음이 흔들렸다. 하지만 그것은 아이가 생기지 않는 데 대한 일종의 자위이지, 아직 아이를 가져서는 안 된다는 생각은 결코 아니었다. 형편이 되건 안 되건 아이를 가지고 싶었고, 그런 만큼 아이가 생기지 않는 데 대한 걱정은 더 커져갔다.

## 귀국, 그리고 첫아이의 출생

장학금이 끊어진 뒤 약 1년이 지나 박사학위 논문 프로포절이 통과되었다. 이제 살만 붙이면 되는 상황, 귀국을 결심했다. 서울로 돌아가 강의를 하며 논문을 쓰겠다는 생각이었다. 하지만 또 비행기표를 살 돈이 없었다. 할 수 없이 아내가 결혼 패물로 해준 시계를 팔았다. 시집올 때 가져온 자수 병풍도 팔았다. 올 때는 시어머니에게 해준 금비녀를 팔고, 돌아갈 때는 나에게 해준 패물 시계를 팔아야 하는 형편, 아내에게 얼굴을 들 수가 없었다.

1983년 7월, 김포공항에 내려 지갑을 열어보았다. 지금도 기억하는 금액, 230달러. 그게 우리가 가진 전부였다. 달리 도리가 없었다. 처가로 들어가 신세를 지는 수밖에. 처제를 장모가 쓰시는 안방으로 몬 후 그 방을 빼앗아 살았다. 그러면서 시간강사로 3과목이나 강의하며 박사학위 논문을 썼다.

그러는 사이 아내가 외국 제약회사 한국법인의 전산요원으로 취직했다. 미국에 있는 동안 델라웨어 대학 평생교육원에서 전산교육과정을 이수했는데, 이것이 주효했던 모양이었다. 영어를 할 수 있는 전산요원이 많지 않던 시절이었다. 아무튼 이로 인해 재정적으로 숨은 쉴 수 있게 되었다.

나는 해를 넘긴 1984년 1월, 작성한 학위 논문을 들고 혼자 미국으로 돌아갔다. 심사를 받기 위해서였다. 미국 도착 후 3~4주, 논문 심사 통과가 확실시될 때쯤 아내로부터 전화가 왔다. 임신 3개월, 아이가 들어섰다는 것이었다. 산모도 태아도 안정적이라고 했다.

기뻤다. 정말 더할 수 없이 기뻤다. 유학생들을 모두 불러 맥주 파티를 했다. 다들 우리 부부가 아이 문제로 걱정하는 걸 알고 있었고, 크게 축하해주었다. 가까운 교수들과 동료들도 축하해주었다. 특히 우리 부부를 자식같이 여겼던 지도교수 부부는 집에서 파티를 열어 주는 등 마치 자신들의 일인 양 기뻐했다.

한두 주일 지나면서 여러 사람이 권하기 시작했다. 미국에서 출산하라고. 그러면 아이가 미국시민권을 얻을 수 있게 된다고. 불가능한 일이 아니었다. 아내가 다니는 회사가 외국인 회사라 필요한 만큼의 출산휴가를 받을 수 있었고, 나 또한 학위를 마쳤으니 한 학기 정도 미국에서 강의할 수도 있었다. 또 공식적인 학위 수여도 5월로 되어 있어, 한국으로 돌아가 교수가 된다고 해도 9월 학기에나 가능한 일이었다.

실제로 많은 사람이 미국에서 아이를 낳기 위해 '원정 출산' 등 수단과 방법을 가리지 않던 때였다. 우리 부부 역시 당연히 그렇게 할 것이라고 생각하는 사람도 많았다. 다들 못 해서 야단인데 할 수 있는 상황에 왜 하지 않느냐는 것이었다.

하지만 우리 부부의 생각은 달랐다. 아이에게 미국 시민이 될 것인가, 한국 국민이 될 것인가를 선택하게 하고 싶지 않았다. 미국이 싫어서도 아니고, 애국심 어쩌고 할 일은 더욱 아니었다. 단순했다. 사람은 다른 길이 없을 때 자신이 처한 상황이나 일에 최선을 다하게 되는 법, 이럴 수도 있고 저럴 수도 있다는 것이 꼭 좋은 일만은 아니라고 생각되었다. 어차피 한국에서 살 아이, 한국 국민으로서의 분명한 삶을 살게 하고 싶었다.

때로 묻는 사람들이 있다. 그때의 그 결정을 지금은 어떻게 생각하느냐고. 생각하기 나름이겠지만 한 가지 확신은 있다. 아이가 한국 국민으로서, 선택의 여지가 없는 분명한 삶을 살아왔고, 또 이 분명함이 인생의 많은 부분을 보다 간명하게 정리하게 해주었을 것이다. 미국 시민이 될 수도 있다는 생각이 이 아이의 인생을 흔드는 일은 없었을 것이란 뜻이다.

아무튼 학위 논문 최종본을 제출한 후 서둘러 귀국을 했다. 귀하게 가진 아이, 과연 어떤 모습으로 태어날까? 묵고 있던 처갓집 처제 방에 예쁜 아기 사진을 붙였다. 예쁜 아이를 상상하면 예쁜 아기가 태어난다는 믿음으로. 그리고 아내와 약속했다. 마음도 예쁘고 편하게 가지자고. 그래야 아이 마음도 편해진다고.

이렇게 해서 큰딸이 태어났다. 복덩이였다. 임신했다는 소식을 들은 후 박사학위 논문이 심사를 통과했고, 비록 참석은 못했지만 몇 달 뒤 학위 수여식에서는 사회과학 부문 최우수 논문상을 받았다. 부상副賞으로 당시로서는 적지 않은 상금도 받았다. 그리고 그 아이가 태어난 날로부터 약 일주일 후인 1984년 8월 말, 국립강원대학교 행정학과 교수(조교수)로 발령을 받았다. 결혼한 지 3년 8개월, 나는 만 31세, 아내는 만 27세의 나이였다.

## 서울로, 그리고 둘째 아이의 출생

교수가 된 후 아내는 직장을 그만두었다. 아이를 잘 키우고 싶은 욕심이 있는 데다, 내가 서울이 아니라 춘천에 있는 학교에 자리를 잡았기 때문이었다. 하지만 곧 이것이 잘못된 결정임을 깨닫게 되었다.

우선 혼자 벌어서는 생활을 영위할 수가 없었다. 신용보증기금으로부터 춘천에 있는 유찰된 아파트를 하나 샀는데, 매달 교수 월급의 반 이상을 할부금으로 갚아야 했다. 여기에다 대구에 계신 어머니 생활비와 의료비를 보내드려야 했다. 70만~80만 원 월급에 집값 40만 원을 제하고, 여기에 대구 어머니께 20만 원을 보내드리면 남는 돈은 불과 10만 원 남짓이었다.

할 수 있는 일을 다 했다. 외부 강의를 나가고, 이런저런 원고를 쓰고, 서울에 있는 교수들이 수행하는 연구에 참여를 하고…. 하지만 한계가 분명했다. 어쩔 수 없이 빚이 조금씩 쌓이기 시작했다.

결국 1년쯤 지나 아내는 예전에 다니던 회사로 복직했고, 그 바람에 집을 서울로 옮겨야 했다. 춘천 아파트를 전세 놓은 돈에 은행 대출을 받아 서울 성북역 옆 작은 아파트 전세를 얻었다. 대구에서 어머니가 올라오셔서 불편한 몸으로 아이를 봐주셨고, 나는 경춘선 열차를 타고 출퇴근을 했다.

춘천으로의 출퇴근이 여간 불편하지 않았다. 시간이 많이 걸리는 데다 열차 시간을 맞추기도 힘들었다. 조금 일찍 역에 나가야 하는 것까지를 생각하면 하루 4시간 이상을 출퇴근에 써야 했다. 또 야간 강의나 회식이 있는 날은 춘천에 머물러야 했고, 그것 때문에 방을 하나 따로 얻어야 했다. 차츰 이건 아니라는 생각이 들었다.

사실 강원대학을 갈 때 서울에 있는 대학은 알아보지도 않았다. 미국에서 경험한 중소도시에서의 삶에 대한 애착이 있는 데다 사립 대학보다는 국립대학을 가라는 은사의 권유도 있었기 때문이었다. 한 학기가 채 지나지도 않아 서울에 있는 대학들이 교수직을 제안 해왔지만 안 된다는 입장을 고수하고 있었다. 뜻을 가지고 찾아온 대학을, 그것도 이제 막 자리 잡은 판에 그리 쉽게 떠날 수 있느냐는 생각이었다. 하지만 아내가 서울로 복직하면서부터 이 모든 게 흔들리고 있었다.

이런 상황에 아내가 둘째를 가지게 되었다. 또 한 번 크게 기뻤다. 하지만 이제 이 아이가 태어나면 하나가 아닌 둘을 키워야 하는 상황이었다. 내가 집을 비우는 시간이 많은 만큼, 아내와 어머니, 그리고 아이들이 힘들게 될 것이다. 더 이상 생각할 것이 없었다. 서울로 오라고 요청하던 학교 중 하나, 국민대학의 학과장 교수에게 전화를 했다.

"서울로 가겠습니다. 절차를 밟아주세요."

에피소드 하나를 이야기하면, 1986년 2월, 국민대학으로 자리를 옮기기로 한 후 재직하고 있던 강원대학 법대 학장에게 양해해달라고 청했다. 학장이 펄쩍 뛰었다. 자신도 양해할 수 없지만 총장이 허락하지 않을 것이라고 했다. 당시는 총장이 '전출동의서'를 써주지 않으면 교수는 학교를 옮길 수 없었다. 실제로 당시 강원대학에서도 교수 몇 명이 총장의 반대로 학교를 옮기지 못하고 있었다.

저녁 늦은 시간, 걱정이 되어 춘천까지 내려온 국민대학 교수 두 명과 함께 학장 집으로 찾아갔다. 양해해달라, 못 한다, 밤새 밀고 당기고 했다. 그러다 새벽 5시쯤이 되어서야 학장이 말했다.

"총장을 만나는 것은 반대하지 않는다."

다행이었다. 본인은 양해할 수 있다는 뜻이 들어 있었다. 그러나 이어 말했다.

"총장 머리가 천장에 닿을 것이다. 절대 허락하지 않을 것이다."

아침 8시, 총장을 찾아갔다. 대통령 교육문화수석을 지낸 분으로

카리스마와 추진력이 강한 분이었다. 비서실에 앉아 한 30분쯤 기다렸을까. 190센티미터 가까운 키의 거구인 그가 들어왔다.

"어, 김 교수 아침 일찍 웬일이오?"

"드릴 말씀이 있어서…."

"뭐야, 서울 가겠다는 그런 시시한 소리 하려는 거 아니오. 하여간 들어와 보소."

총장실에 들어가 이야기했다.

"죄송합니다. 말씀하신 것처럼 서울로 가야 할 사정이 있어서…."

"부인이 복직했다는 이야기가 있던데, 그것 때문이오?"

"예. 여러 가지…."

"부인 복직한 것 같은 문제는 내가 해결해줄게. 춘천서 그보다 더 좋은 자리 구하면 되잖아. 안 되면 우리 학교 전산실에서 일하면 되고."

"그건 아무래도 좀 그렇습니다. 공연히 특혜를 주고받았다는 이야기를 들을 거고…. 그것보다 어머니를 모셔야 하는데, 서울까지는 오셔서 같이 사실 수 있지만 춘천까지는 안 오시려 합니다. 또 둘째 아이도 생겨서 아무래도 제가 어머니와 아내 곁에 있어야 할 것 같습니다."

잠시 침묵이 흘렀다. 그러다 총장께서 입을 열었다.

"그래, 오케이. 됐어요. 내가 그냥 해본 소리지…. 서울 가세요. 여기 있는 것도 의미가 있어요. 사실 공부하기에는 여기가 더 좋을 수 있어. 하지만 김 교수는 서울 가는 게 좋을 것 같아. 다들 김 교수를 많이 찾을 거요. 사람들도 찾고 세상도 찾고(웃으면서). 억지로 여기 잡아두면 내 양심에도 짐이 돼."

서울과 춘천, 어느 쪽이 좋고 나쁘고를 떠나 또 한 번 큰 전환이 일어나는 순간이었다. 내 인생을 넘어 아이들 인생까지.

"사실은 어떻게 처리해주실지 걱정을 많이 했습니다. 여기 온 지 1년 반밖에 안 되고 해서."

"아, 전출동의서 잘 안 써준다고? 강원대학 올 때부터 서울로 가는 징검다리로 생각하고 온 교수들 말이오. 쉽게 못 써줘요. 김 교수는 그거 아니잖아. 여기 있으려고 왔잖아. 또 열심히 했고. 그것도 내가 다 알고 있어."

1986년 3월, 그렇게 해서 학교를 서울로 옮겼다. 그리고 그해 7월 둘째 딸이 태어났다. 이번에도 아들이냐 딸이냐 아무 관심이 없었다. 귀한 생명에 그저 감사했다. 아내는 딸과 아들의 남매보다는 딸과 딸의 자매가 아이들에게는 더 좋을 것이라고 기뻐했다.

큰딸과 마찬가지로 딸이지만 이름 두 자 중 앞 글자는 집안의 돌림자를 사용했다. 앞 글자는 집안이, 뒷글자는 부모가 준 셈이다. 혈통이니 족보니 하는 유교적 전통을 생각한 건 전혀 아니었다. 그저 긴 역사 속의 자신, 큰 공동체 속의 자신을 느꼈으면 하는 부모로서의 마음을 담은 것이었다.

# 글자를
# 안 가르쳐?

,

## 글자에 대한 좀 다른 생각

"아빠, 발도르프Waldorf 교육 잘 아세요?"

이제는 결혼을 해서 만 6살짜리와 만 4살짜리 딸아이들의 엄마가 되어 있는 큰딸이 물었다. 몇 년 전 첫째 아이를 발도르프 교육을 하는 유치원에 보내기 시작할 때의 일이다.

"그런 게 있다는 건 알지."
"아빠가 우리를 키운 방식과 참 비슷해요."
"어떤 것?"
"예를 들어 학교 가기 전에 글자를 가르치지 않는다거나…."

그랬다. 우리 부부는 두 아이 모두에게 초등학교에 들어가기 전까지 글자를 가르치지 않았다. 스스로 알게 되는 것이야 어쩌겠느냐마는 되도록 그런 일이 일어나지 않기를 바랐고, 또 그렇게 되도록 노력했다. 특별한 교육이론에 심취해서도 아니었고, 무슨 종교적 믿음 같은 것이 있어 그런 것은 더욱 아니었다. 그냥 그게 아이들에게 좋을 것이라 생각해서 그렇게 했다.

무엇보다 아이들이 살아갈 세상을 생각해봤다. 변화가 심한 세상, 창의력과 상상력, 그리고 그에 기반한 판단력이 삶의 질과 성공을 좌우하는 세상…. 이런 세상은 분명 사서삼경 같은 고전을 읽고 외우는 실력이 곧 능력이 되는 세상은 아닐 터, 글자를 남보다 먼저 익힌다는 것이 뭐 그리 큰 의미를 가질까?

오히려 그 반대가 아닐까 생각해봤다. 글자 이외의 많은 것, 이를테면 색깔, 모양, 무게, 냄새, 소리, 빠르고 느린 움직임 등을 통해 세상을 느끼고, 또 알아가는 것이 더 중요하지 않을까 생각한 것이다. 실제로 글자가 가지는 흡인력은 대단하다. 한번 알게 되면 눈과 관심이 그쪽으로 먼저 가게 된다. 그림책을 보아도 책의 모양이나 무게, 그리고 그 안의 그림보다는 제목이나 그 안의 글자에 먼저 눈길을 보내게 된다는 뜻이다.

더욱이 글자란 것이 그렇다. 유아기 때 깨치지 못한다고 큰일이 나는 것도 아니다. 활자가 범람하는 세상이다 보니 웬만한 감각과 능력이 있는 아이라면 스스로 깨칠 수 있는 게 글자다. 이를 굳이 다른 감각능력이 한참 자랄 때 일부러 가르칠 필요가 있느냐는 게 우리 부부의 생각이었다.

물론 초등학교에 입학해서도 글자를 쉽게 깨치지 못하는 등 글자에 대한 학습능력이 유난히 떨어지는 아이들도 있다. 이 경우 부모들은 좀 더 일찍 철저히 가르치지 못했음을 자책하곤 한다. 하지만이 경우 역시 마찬가지다. 학교에 가서도 쉽게 깨치지 못하는 아이가 좀 더 일찍 가르쳤다고 달라졌을까? 오히려 아이에게 큰 '억압'이 되었을 가능성이 크다. 아이에게 뭔가 다른 점이 있음을 알아채고, 이를 바르게 이끌지 못한 것이 잘못이지, 글자를 일찍 가르치지 못한 것이 잘못이 될 수는 없다.

실제로 요즘과 같은 환경에 있어 많은 아이가 취학 전에 스스로 글자를 깨친다. 자음과 모음, 그리고 그 조합 원리를 알아서가 아니라 한 자 한 자 그냥 기호로서 기억하고, 또 읽어낸다. 우리 큰아이의 경우만 해도 어느 날 집 근처의 길을 걷는데 갑자기 "아빠, 부동산이 뭐야?"라고 물었다. 뭘 보고 그러느냐 물었더니 길가에 놓인 부동산 입간판을 가리켰다. 만 6살쯤 되었을 때의 이야기다. 아이들을 둘러싸고 있는 활자 환경이 그만큼 강하다는 뜻이다.

작은아이는 더 했다. 만 5살쯤 되었을 때 《소공녀》 그림책을 줄줄 읽어나가 깜짝 놀랐다. 한 자도 틀리지 않는 데다 쪽이 바뀌는 부분에서는 정확하게 다음 쪽으로 넘기고 있었다. '다행히' 글자를 깨친 게 아니라 엄마 아빠가 읽어주는 내용을 그대로 외워 암송하는 것으로 밝혀졌다. 하지만 상당히 많은 글자를 인식하고 있었고, 특히 쪽이 바뀌는 부분의 글자들은 정확하게 알고 있었다.

이 정도의 호기심이면 글자를 제대로 가르치는 게 좋지 않을까 생각하기도 했다. 하지만 그렇게 하지 않았다. 오히려 아이들의 지적 호기심을 다른 쪽으로 돌리기 위해 더 노력했다. 이를테면 여행을 더 자주 가고, 식물이나 곤충도 더 자주 들여다보게 하고, 그리고 이야기도 더 많이 나누었다.

혹시 잘못되지 않을까, 고민도 많이 했다. 하지만 결론은 늘 같았다. '글자는 표현을 위한 기호일 뿐이다. 중요한 것은 그 기호가 아니라 그 기호로 표현될 생각을 형성하는 능력이고, 또 그 생각을 만들어내는 감각과 정서다. 기호를 너무 일찍 가르쳐 이러한 감각과 정서가 발달하는 것을 방해할 이유가 없다.'

# 글보다는 말

글자를 가르치지 않는 대신 언어교육에는 신경을 썼다. 언어는 표현의 수단이기 이전에 생각의 수단이다. 언어능력이 사고력, 즉 생각의 질과 양을 결정한다고 생각했다. 그리고 그 생각이 다시 언어능력 향상에 영향을 끼친다고 생각했다.

어느 정도 영향을 끼칠까? 언어학이나 인지과학을 하는 학자들 사이에 다양한 견해가 존재한다. '언어가 없이는 생각도 없다', '언어능력이 사고력을 결정determine한다'는 등 언어의 절대적 기능을 강조하는 주장이 있다. 반면 '원초적 생각은 그 나름 따로 존재할 수 있다'며 그 절대성을 부정하는 주장도 있다. 그러나 어떤 학자도 언어능력이 사고력에 상당한 영향을 미친다는 사실을 부정하지는 못한다.

그러면 어떻게 언어능력을 키울 것인가? 우선 아이들에게 말을 할 때면 되도록 발음을 분명히 했다. 아이들이 흔히 쓰는 말도 쓰지 않았다. 이를테면 할머니는 '할미'가 아니라 '할머니'였고, 아저씨는 '아찌'가 아니라 '아저씨'였다. 그러면서 되도록 많은 어휘를 사용할 수 있도록 유도했다. 아이들이 이미 알고 있는 말만 쓰기 위해 애쓰지 않았다는 말이다.

잘못된 표현은 반복적으로 바로잡아주었다. 이를테면 식탁에 쏟아진 물이 아래로 흘러내리는 것을 본 아이가 "물이 흘른다" 하면 이를 받아, "그래, 물이 줄줄 흘러내리네. 조심해야지. 쏟으면 이렇게 흘러내리는 거야"라고 말해주었다. '흘른다'가 아닌 '흐른다'이고, 이 경우에는 '흐른다'보다는 '흘러내린다'가 더 합당함을 보여주는 것이다. 틀렸으니까 이렇게 고치라는 말은 하지 않았다.

## 글자를 가르치지 않는 사람들

큰딸로부터 발도르프 교육 이야기를 들은 후 이를 좀 더 자세히 들여다보았다. '이들은 왜 유아기의 아이들에게 글자를 가르치지 않을까?' 그 배경과 이유를 알고 싶었다. 이 분야의 전문가도 아닌 내가 공연히 아이들에게 너무 지나치게 한 것은 아닐까, 늘 의문을 가지고 있던 터였다.

알아보니 정말 그랬다. 발도르프 교육에서는 영·유아기(0~7세) 아이들에게는 글자를 가르치지 않는다. 이 시기에는 신체와 정서의 발달이 중요하다고 보고, 이를 위한 활동과 놀이에 역점을 둔다. 산과 들로 다니며 신체를 건강하게 하고, 자연과 일상생활의 반복되는 리듬을 읽게 해, 세상이 편하고 아름답고 안전하다는 것을 느끼게 한다. 그리고 이런 세상을 자유롭게 표현하도록 돕는다.

글자를 가르치지는 않는 대신 언어교육에는 적지 않은 신경을 쓴다. 선생님들은 분명한 발음으로 많은 이야기를 해주고, 아이들에게는 결코 짧지 않은 길이의 아름다운 언어의 노래와 시를 부르고 암송하게 한다. 또 아이들이 쓰는 언어와 아이들이 하는 발음으로 이야기하지 않으며, 되도록 많은 어휘를 사용할 수 있도록 돕는다.

언젠가 한번 4살짜리 둘째 외손녀가 6살 먹은 언니와 간디학교 교가인 〈꿈꾸지 않으면〉을 단 한 곳도 틀리지 않고 부르는 것을 보고 놀란 적이 있다. 발도르프 유치원에서 들로 산으로 다니며 암송하게 한 것인데, 손녀들의 표정에서 이 노래 구절구절의 뜻이 무엇인지 느끼고 있음을 바로 느낄 수 있었다.

"꿈꾸지 않으면 사는 게 아니라고 / 별 헤는 맘으로 없는 길 가려 하네. / 사랑하지 않으면 사는 게 아니라고 / 설레는 마음으로 낯선 길 가려 하네. / 아름다운 꿈꾸며 사랑하는 우리 / 아무도 가지 않는 길 가는 우리들 / 누구도 꿈꾸지 못한 / 우리들의 세상 만들어가네. / 배운다는 건 꿈을 꾸는 것 / 가르친다는 건 희망을 노래하는 것 / 배운다는 건 꿈을 꾸는 것 / 가르친다는 건 희망을 노래하는 것 / 우린 알고 있네. 우린 알고 있네. / 배운다는 건 가르친다는 건 / 희망을 노래하는 것."

이 노래뿐만이 아니다.

"봄이 오면 바다는 찰랑찰랑 차알랑, 모래밭엔 게들이 살금살금 나오고…. 내 고향 바다, 내 고향 바다…. 은고기 비늘처럼 반짝이는 내 고향 바다, 내 고향 바다."

아이들에게는 꽤나 부담스러운 아름다운 가사의 노래들을 즐겨 부른다.

이런 교육 탓일까. 외손녀들의 언어능력은 비교적 높은 편이다. 구사하는 어휘 수도 많고 표현도 정확하다. 언어가 생각의 수단이 란 점을 생각할 때 사고력이나 인지능력, 그리고 추론하는 능력 또 한 비교적 높은 편이 아닐까 생각해본다.

아무튼 발도르프 교육을 들여다보면서 여러 번 놀랐다. 많은 부분이 우리 부부가 생각했던 것과 같거나 비슷했기 때문이다. 오랫동안 가졌던 찜찜함이 한결 덜해졌다. 1994년 유네스코 교육장관 회의에서 21세기 교육의 모델로 선정되고, 〈뉴욕 타임스〉를 비롯한 세계적 언론들이 미래의 교육으로 앞다퉈 소개하고 있다니, 그만한 위안이 어디 있겠는가.

그러고 보면 나라에 따라서는 취학 전 글자교육을 국가 차원에서 아예 제한하기도 한다. 핀란드가 대표적인데, 이 나라는 한때 유치원 등 취학 전 교육기관에서는 글자를 가르치지 못하게 했다. 지금은 다소 달라져 개인적 필요에 따라 가르칠 수는 있다. 하지만 집합적으로 가르치는 것을 금지하는 등 여전히 가르치지 않는 것을 기조로 하고 있다.

어느 쪽이 더 나을까? 논란은 계속되고 있다. 한쪽은 핀란드와 같이 취학 전 아이들에게 글자를 가르치지 않는 나라가 PISAProgramme for International Student Assessment, 즉 15세 학생을 대상으로 하는 국제학생평가 프로그램에 있어 세계 최상위에 있음을 주목하라고 말한다. 또 발도르프와 같은 교육을 받은 학생들이 좋은 대학을 더 많이 가고 있다는 사실도 잊지 말라고 한다.

심지어는 우뇌가 어떻고 좌뇌가 어떻다는 이야기도 있다. 사물을 감각적으로 이해하고 창의성의 기반이 되는 우뇌는 7세에 발달을 멈추는 반면, 논리적 사고와 수리적 사고 기능을 하는 좌뇌는 오히려 그때부터 발달하기 시작한다는 것이다. 그래서 7세 이전에는 곧 발달을 멈출 우뇌를 발달시키는 데 중점을 두는 것이 좋고, 그런 맥락에서 글자를 가르치지 않는 것이 좋다고 이야기하는 것이다.

그러나 다른 한쪽의 이야기는 이와 다르다. 이들은 우선, 핀란드 교육의 경쟁력은 교육방식에 있는 것이 아니라 우리와 같이 표음문자를 쓴다는 사실과 교사의 질이 높다는 사실 등에 있다고 주장한다. 또 발도르프 학교 출신들이 좋은 대학에 더 많이 가는 것 또한, 부모의 지적 수준과 경제력, 그리고 교육열이 보통의 부모들보다 높기 때문이라고 한다. 글자를 가르치는 대신 신체 발달과 정서교육, 그리고 언어교육 등에 더 많은 관심을 두어 그렇게 된 것은 아니라는 이야기다.

우뇌와 좌뇌 이야기에 대해서도 그렇다. 이들은 글자를 가르친다고 하여 우뇌의 발달이 저해된다는 증거는 어디에도 없다고 말한다. 오히려 글자를 통해 얻은 정보 또한 감각과 정서 발달에 좋은 영향을 끼칠 수 있고, 그래서 우뇌의 발달에 도움이 될 수 있다고 말한다.

우리 아이들은 어떻게 되었을까? 글자를 가르치지 않은 것이 큰 도움이 되었을까? 알 수 없다. 남들이 하는 것과 똑같이 가르쳤다면 어떻게 되었을지 모르기 때문이다. 이 이야기도 우리 부부는 이러이러한 마음에서 이렇게 저렇게 했다는 것이지, 그것이 꼭 더 나은 방법이었다고 말하는 것은 아니다.

다만 한 가지 분명한 것이 있다. 글자를 가르치지 않아 크게 잘못된 점은 없었다는 점이다. 초등학교 입학 후, 아이는 첫 받아쓰기 시험에서 10점도 받고 20점도 받았다.

"괜찮아. 금방 잘하게 돼."

아이를 감싸 안았다. 두어 달 후, 큰아이의 받아쓰기 점수는 다른 아이들과 같아졌다. 90점, 100점, 또 90점, 100점….

작은아이는 나를 따라 미국으로 가 그곳에서 초등학교 1학년을 다녔다. 그 바람에 한국 초등학교는 1학년 2학기부터 다니기 시작했다. 한글을 깨치지 않은 채, 그것도 한 학기 늦게 초등학교에 들어갔지만, 이 아이 역시 마찬가지였다. 두세 달 지나면서 한글에 있어서만큼은 다른 아이들과 별 차이가 나지 않게 되었다.

# 엄마 아빠의 교육과 발도르프

,

첫아이가 힘들게 왔다. 아프게 약하게… 그렇게 왔다. 그렇게 온 아이인 만큼 더 크게 사랑하겠다고 생각했다. 하지만 어떻게? 내 사랑이 오히려 독이 되지는 않을까, 그게 가장 두려웠다.

어떻게 해야 되나? 책 읽고 공부하고, 그러다 발도르프 교육을 만나게 되었다. 잘 알지 못하는 상태였지만 빠르게 설득되어갔다. 무엇보다 엄마 아빠가 나와 동생을 키우신 방식과 비슷하다고 느꼈기 때문이었고, 엄마 아빠의 교육방식이 얼마나 날 행복하게 했는지 알고 있었기 때문이었다.

이 책에서 아빠가 말씀하신 것들, 예를 들어 학령기 이전에 글자를 가르치지 않는 것, 도자기 식기를 사용하는 것, 예술에 대한 관심을 기르는 것 등 엄마 아빠가 하던 것과 신기할 정도로 같았다.

산에 가는 것도 그랬다. 어릴 적, 아빠는 산을 '보물 상자'라 하셨다. 푸른색, 붉은색, 둥근 것, 모난 것, 서 있는 것들, 움직이는 것들, 큰 것, 작은 것…. 세상 모든 것이 들어 있는 그런 보물 상자 말이다. 이런 산에 아빠는 잘 오르지도 못하는 어린 우리 자매를 안기도 하고 업기도 하면서 데리고 다니셨다. 느리게, 때로는 빠르게 변하는 자연과 함께하기 위해 재정적 손실을 보면서 이사도 하셨다. 발도르프 교육도 그렇다. 아이들이 산을 오르는 것을 무척 강조한다.

  하나 더 이야기하면 우리 집에는 발도르프에서 말하는 '리듬', 즉 계절별, 날짜별, 또 시간별로 반복되는 일들이 있었다. 아빠는 이러한 반복을 통해 '가족문화'를 만들어야 한다고 했다. 내가 결혼을 하자, 사위에게도 당부했다.

  "봄에는 꽃을 보러 가고, 여름에는 강원도 어느 바다를 가고, 저녁은 몇 시에 다 같이 모여 앉아 먹고, 그렇게 가족이 늘 그때쯤이면 함께하는 뭔가를 만드는 것이 좋다. 너희 가족이 그러한 것을 가족의 문화로 만들어갔으면 한다."

  실제로 그랬다. 우리 가족은 봄에 가는 곳, 여름에 가는 곳, 가을과 겨울에 가는 곳이 있었다. 어릴 적부터 그렇게 해와서 싫을 때(친구들과 놀고 싶을 때)도 그냥 지켜졌던 저녁 식사, 그리고 후식과 '수다'도 있었다. 어릴 때는 주말마다 아빠가 해주는 요리를 먹기도 했다. 감자양파 볶음과 옥수수 머핀. 그 향과 맛은 아빠 말고는 그 누구도 구현하지 못할 것이다.

 발도르프에서 리듬이라고 하는 이러한 반복적인 일들은 아이들
로 하여금 세상에 대한 안정감을 느끼게 만든다.

# 대화:
# 식탁 따로, 책상 따로?

,

## 대화가 없어진 가족

젊은 시절, 나는 학교 내에서 자장면을 가장 많이 시켜 먹는 교수 중 한 명이었다. 식사 시간이 아까워 연구실을 벗어날 수 없었기 때문이다. 강의는 주 12시간 이상이었고, 학과장이나 교학부장 등 보직도 대부분 두 개 이상이었다. 심지어 네 개의 보직을 동시에 한 적도 있었다. 게다가 연구과제 또한 만만치 않았다. 수시로 세 개, 네 개가 동시에 걸려 있곤 했다.

하지만 야간 수업이 있는 경우가 아니면 저녁 식사 전에 집으로 돌아오기 위해 애를 썼다. 아이들과 저녁 식사를 하기 위해서였다. 밥을 같이 먹고 소주도 한 잔 나누어야 일이 되는 사회, 저녁 약속을 만들지 않는다는 게 쉬운 일이 아니었다. 하지만 가능한 한 그렇게 했다.

저녁 식사는 후식까지 먹어가며 길게 했다. 그러면서 아이들과 이야기를 나누었다. 토요일과 일요일도 마찬가지였다. 특별한 일이 없으면 학교 연구실에 나가지 않았고, 약속도 만들지 않았다. 글을 써도 집에서 쓰고, 일을 해도 집에서 했다. 이게 습관이 되어서일까. 지금도 글을 쓰는 일 등 혼자서 할 수 있는 일은 집에서 한다. 아내로부터 환영받지 못할 일인 줄 알면서도….

그런데 아이들이 고등학교에 들어가면서 이게 어려워졌다. 입시 준비로 아이들이 늦게 들어오기 시작했다. 그래서 그랬는지 나 자신도 저녁 약속이 많아졌고, 그러다 보니 밤늦게 들어오는 일이 잦아졌다. 다들 늦게 들어와 말 한마디 제대로 나누지 못한 채 잠이 들고, 아침에 힘들게 일어나 각자 되는대로 챙겨 먹고 집을 나서는 생활의 연속이었다.

어느 날 식구들에게 말했다. 일주일에 한 번이라도 같이 둘러앉아 밥을 먹자고. 큰아이가 고등학교 2학년, 작은아이가 중학교 3학년 때였다. 기가 막힌 일이었다. 식구들끼리 일주일에 밥 한 끼 같이 먹는 것을 이렇게 다짐까지 해야 하다니. 하지만 형편이 그랬다. 아니, 우리만 그랬을까. 예나 지금이나 많은 가족이 비슷한 형편일 것이다.

일요일 아침, 모두들 일찍 일어나 식사 준비를 했다. 그리고 옷을 제대로 입고 식탁에 앉았다. 이야기를 나누면서 천천히 식사를 하고, 식사 후에는 아내와 아이들은 후식을 준비하고 나는 차를 준비했다. 다소 정중한 분위기를 만들기 위해 차는 고급 홍차, 이를 일부러 산 영국산 본차이나 주전자에 우려내어 고급 찻잔에 담아 마셨다. 최고의 맛, 최고의 빛깔이었다.

그런 분위기 속에서 주변에서 일어난 이야기에서부터 세상 돌아가는 이야기, 나아가서는 인근 미술관에서 전시되는 그림 이야기까지 했다. 짧게는 30~40분, 길게는 한 시간 이상 이야기하곤 했다.

## 이야깃거리

쉬운 일이 아니었다. 우선 시간을 내는 게 어려웠다. 잠을 좀 더 자고 싶고, 공부해야 하고, 일해야 하고…. 우리 부부도 아이들도 내 몸이 내 몸이 아니고, 내 시간이 내 시간이 아닌 상황, 각자 적지 않은 희생과 양보를 해야 했다.

더 힘든 것은 이야기가 엉뚱한 방향으로 흘러가지 않도록 하는 것이었다. 가족들 간에, 그것도 중학생, 고등학생 아이들과 함께 이야기할 것이 뭐 그리 많겠나. '아차' 하는 순간에 공부 이야기가 나오고, 그러면 아이들은 스트레스를 받기 시작한다. 누구 집 아이는 이번 모의고사 성적이 어떤데, 너는 어떻고…. 그것으로 대화는 끝이 난다.

어른들끼리도 마찬가지다. 누구네는 이번에 몇 평짜리 아파트로 이사를 하고, 또 누구는 무슨 주식을 사서 어떻게 되고, 누구는 자동차를 무엇으로 바꾸고…. 그 순간, 그 자리는 없는 게 더 나은 자리가 된다.

흔히 마음을 열면 된다고 하는데, 그런 것만도 아니다. 갈등과 대립이 있는 경우 마음을 열어 서로 이해하게 되면 관계가 나아질 수 있다. 하지만 대화는 다르다. 서로 관심을 가지고 이야기할 수 있는 이야깃거리가 있어야 된다. 아무리 마음 맞는 친구라 해도 서로 나눌 이야깃거리가 없으면, 서너 시간도 안 되어 서로를 지겨워하게 된다.

부모와 자식 간의 대화도 그렇다. 많은 경우 마음을 열지 않아 대화가 안 되는 것이 아니다. 대화를 지속할 만한 이야깃거리가 없기 때문이다. 서로 나눌 만한 이야깃거리가 없으니 대화를 하지 않게 되고, 그러다 보면 오히려 마음까지 닫게 된다.

그런데 이 이야깃거리는 신문이나 방송에 난 이야기 한 조각을 그냥 집어오기만 하면 되는 게 아니다. 또 무슨 회의의 주제처럼 의도적이고 계획적으로 만들어낼 수도 없다. 자연스럽게 떠올라, 이어지고 또 이어지는 것이어야 한다. 가족 구성원 사이에 평소에 그럴 만한 정도의 경험과 지식, 그리고 상식이 공유되고 있어야 한다는 말이다.

이 책의 다른 부분에서도 이야기하겠지만 같이 여행하고, 같이 영화 보고, 같이 운동하고, 같이 그림을 보고, 그래서 같은 취미와 추억을 만들고, 사회현상이나 자연현상에 대해 늘 관심을 갖는 분위기를 만들고, 그러면서 공동의 관심사를 가지게 되고, 그런 가운데 의미 있는 이야깃거리는 자연스럽게 준비된다. 말하자면 오랜 기간 많은 것을 공유하면서 만들어지고, 또 축적된다.

우리 가족의 경우 이 문제는 비교적 용이한 상태였다. 적지 않은 경험과 생각들을 공유해왔기 때문이다. 하지만 여전히 어려운 문제였다. 때로 아이들이 좋아할 만한 이야기들을, 또 세상을 이해하는 데 도움이 될 만한 이야기들을 찾아서 자연스럽게 던질 수 있어야 했기 때문이다.

　이야기 속에 서로가 들을 만하다고 생각되는 정보와 지혜를 담는
것도 매우 중요하다. 즉 서로가 가진 의문이나 고민을 푸는 데 도움
이 되고, 더 나아가서는 세상을 살아가는 데 도움이 될 만한 내용 등
이 담겨 있어야 한다는 말이다. 아이들 입장에서 보았을 때 이런 지
혜가 담기지 않은 부모의 말은 '꼰대'의 '잔소리'가 된다. 아이들은
그런 '꼰대'와는 대화하지 않는다.

　어떻게 하면 그런 지혜를 얻을 수 있을까. 달리 방법이 있겠나. 세
상에서 일어나는 변화를 공부하는 한편, 자신이 존중하는 신념이나
가치에 대한 고민과 성찰을 계속해나가는 수밖에 없다. 또 그러면
서 아이들의 생각을 읽어내기 위해 노력해야 한다. 그런 것 없이 '우
리 자랄 때는 말이야' 따위의 이야기를 계속하는 순간, 그 부모는
'꼰대'가 된다.

### 대화 따로, 공부 따로?

　대화와 관련된 경험담 하나를 이야기하면, 작은아이가 대학 입시
를 준비할 때의 일이다. 논술시험이 있었는데, 몇 달 전에 치른 모의

시험에서 성적이 잘 나오지 않았다. 주변의 여러 사람이 걱정했지만 나는 별 걱정을 하지 않았다. 논술 작성 방법 등에 익숙하지 못한 면이 있을지 모르겠지만, 글의 내용에 있어서는 누구보다도 잘할 것이라는 확신이 있었기 때문이었다.

논술학원이나 선생님에게 보내라는 권유를 무시하고 작은아이를 붙들고 글을 쓰는 형식에 대해 몇 가지를 일러주었다. 그리고 혼자 연습을 하게 했다. 그러기를 몇 번, 아니나 다를까 아이의 글은 놀랍도록 달라졌다.

잘못 생각하고 있는지 모르겠지만, 그 큰 이유 중 하나는 식탁에서의 대화였다. 세상의 다양한 현상을 이야기하고, 그 현상을 보는 시각과 관점을 가족들과 이야기해왔다. 때로는 아빠, 엄마, 언니와 격론을 벌이면서까지 말이다. 논리를 세워 자신의 의견을 개진하는 데 있어 다른 아이들보다 못할 이유가 없었다.

입시 논술을 치르고 나온 아이에게 물었다. 문제가 무엇이었고, 어떻게 썼느냐고. 아이가 이런 문제에 대해 이렇게 저렇게 썼다고 이야기했다. 어깨를 두드려주며 속으로 생각했다. '잘 썼다. 내가 채점위원이라면 좋은 점수를 줄 것이다. 채점하는 분들도 학원 같은 데서 배워서 쓴 논술이 아니라는 것을 금방 알 것이다.'

어디 논술뿐이겠는가. 많은 부분, 책상과 식탁은 따로따로가 아니다. 부모의 생각과 판단이 아이에게 영향을 준다는 뜻이다. 책을 가까이 하는 부모와 책을 멀리하는 부모가 어떻게 아이에게 똑같은 영향을 미치겠는가. 식탁은 또 하나의 책상이고, 부모 형제 모두 또 한 분의 선생님이다.

# 대화

,

 우리 집에는 늘 대화가 있었다. 가벼운 이야기들, 기분 좋은 이야기들만 있는 게 아니었다. 때론 정말 격렬히 토론하고 언성까지 높이는 일도 피하지 않았다. 개인적인 이야기들, 정치·사회적 문제에 대한 이야기들, 그리고 철학적인 문제에 이르기까지 서로의 의견들을 끊임없이 교환했다. 우리 자매가 다 자라고 난 다음이 아니라, 아주 어릴 때부터 그렇게 했다.

 아빠는 주로 식탁의 대화를 언급하셨는데, 사실 엄마 아빠는 훨씬 더 다양한 방법으로 우리와 대화하기 위해 노력하셨다. 예를 들어 고등학교 시절, 엄마는 늘 나를 학원에 데려다주셨다. 봉고차를 탈 수도 있고, 혼자 갈 수도 있는데 항상 동행하셨다. 어느 날 엄마에게 물었다.

 "엄마 힘들지 않아? 나 그냥 친구들이랑 봉고 타면 되는데."

 그러자 엄마는 "엄마의 기쁨이야. 이렇게 가면서 너랑 이야기하는 게 좋아"라고 말씀하셨다. 학원 가는 아이의 마음을 이보다 더 행복하게 해줄 수 있었을까.

아이들은 친구들과의 관계를 위해서라도 꼭 봐야 하는 TV 프로들이 있다. 아빠는 그 프로그램들이 마음에 들지 않으셨을 거다. 하루는 개그 프로그램을 보고 있는 우리 자매를 보고 "저런 게 재미있니?"라고 한마디 툭 던지셨다. 넋 놓고 보고 있는 우리 자매가 딱해 보였을 것이다.

우린 신경도 쓰지 않고 계속 보고 있는데 아빠가 돌아오셔서 옆에 앉으셨다. "저런 아줌마가 실제로 있을 거야" 등 TV 장면을 보시며 한두 마디 하셨다. 여기에 우리도 "예, 아빠. 그럴 거예요"라고 말하면서 대화는 시작되고, 그렇게 TV 속의 개그는 훌륭한 대화 소재가 되었다. 드라마나 음악 프로그램도 마찬가지였다. 아빠는 우리가 좋아하고 즐기는 모든 것을 대화의 소재로 삼았다.

초등학생 때다. 아빠는 어린 우리 자매를 선거유세장에 데려가셨다. 노무현 종로구 국회의원 후보의 선거유세장이었다.
"아빠가 좋아하는 분이야. 큰일을 하실 거야. 그런데 당선은 안 될 거야."
"왜?"
"선거가 그래. 사람이 훌륭하다고 해서 꼭 이기는 게 아니거든."

"훌륭한데 왜 안 되지. 말도 안 돼."

"괜찮아, 때로는 지는 싸움도 하는 거야. 지는 게 정말 지는 게 아니거든."

유세장을 나와 우리는 팥빙수를 먹었다. 그러면서 옳은 사람이 왜 질 수 있는지, 공정이란 무엇인지, 선동과 설득이 어떻게 다른지 등을 이야기했다. 초등학교 4학년과 2학년, 아빠는 그 어린아이들 앞에서도 진지하셨다.

나 또한 엄마가 되고 나서 느끼는 것이지만 어른과 아이의 대화는 일방적이기 쉽다. 아이의 말을 듣는다고 해도 어떤 결론이나 대답이 유도되는 경우가 많다. 그러나 우리 엄마 아빠와의 대화는 일방적인 경우가 드물었다. 말이 잘 안 되는 이야기까지 잘 들어주셨다. 그러다 보니 엄마 아빠가 우리 생각을 진심으로 궁금해하신다고 느끼곤 했다.

그런데 우리 가족의 대화를 지탱해준 핵심적 요인은 아빠가 앞에서 말씀하신 것 외에도 있다고 생각한다. 내게 있어 가장 중요했던 것은 엄마 아빠 두 분의 대화였다. 두 분은 끊임없이 이야기하셨고, 그 이야기에 즐거워하시는 것 같았다. 나도 끼고 싶을 때가 많았고, 또 내가 원하면 언제나 끼워주셨다. 때론 티격태격 싸우는 일도 있었는데, 그것조차 그리 나쁘게 보이지 않았다. 그런 모습을 보며 자란 것이, 때론 심각하게 부딪히는 대화까지도 즐길 수 있는 힘이 된 것이라고 생각한다.

# 글쓰기와 글 나누기

,

## 첫 독자, 첫 논평자

글을 비교적 많이 쓰는 편이다. 젊어서는 학술 논문과 연구보고서를 많이 썼고, 중년에는 대학 교재 등 전공 서적을 썼다. 그리고 최근 10년은 교양인을 위한 전문 서적과 신문 칼럼 등의 대중적인 글을 많이 써왔다.

오래된 습관인데, 어떤 글이든 쓰기 전에 아내에게 그 내용을 이야기한다. 같이 산책을 하며 이야기하기도 하고, 식탁에 마주 앉아 이야기하기도 한다. 그러면서 내가 가진 생각을 정리한다. 또 쓰고자 하는 내용이 쉽게 이해되는지, 불필요한 시비의 소지는 없는지 등을 확인한다.

쓴 다음에도 마찬가지다. 거의 대부분 아내에게 줘서 논지가 바르게 전달되고 있는지, 오탈자가 없는지 등을 확인하게 한다. 아내가 글의 잘못을 봐주는 프루프 리더proof reader이자 첫 독자, 첫 논평자로서의 역할을 해주는 셈이다.

아내가 무슨 뜻인지 이해할 수 없다고 말하거나, 별 의미 없는 것 같다고 하면 그 글은 아예 쓰지 않는다. 다 쓴 다음이라 해도 밖으로 내보내지 않는다. 가정주부이지만 대학을 졸업했고 글로벌 기업에서 일한 경험도 있는 사람이다. 그런 사람이 그렇게 말하는 글이라면 잘못되거나 의미 없는 글일 가능성이 크기 때문이다.

때로 아이들에게도 같은 역할을 주문한다. 물론 대학생 이상이 된 이후의 이야기다. 아이들의 반응은 아내보다 덜 구체적이다. 좋다, 나쁘다, 재미있다, 재미없다 등의 개괄적 평가들이 많다. 비판의 강도 또한 덜 하다. "급하게 쓰신 거죠?", "아빠 글 같지 않아요" 하는 정도다. 하지만 그 말이 무슨 뜻인지 안다.

나도 아이들의 글을 읽어왔다. 작은아이가 중학생 때 쓴 '소설'부터 학부 때의 중요한 리포트, 그리고 대학원생이 되고 난 뒤의 논문과 학위 논문까지 읽어왔다. 때로 보여달라고 청해서 읽기도 하고, 우연히 눈에 띄어 읽기도 한다.

하지만 논평은 최대한 자제한다. 나와 같은 사회과학 분야 논문의 경우 적지 않은 논평과 조언을 해줄 수 있겠지만, 청하지 않는 한 언급 자체를 자제한다. 결국은 본인이 해결해 나가야 할 문제이기 때문이다. 그야말로 잘 풀리지 않아 고생하는 것 같으면 나도 한번 보자고 한다. 하지만 이 경우에도 근본적인 문제에 대해 몇 마디 할 뿐, 많은 이야기는 하지 않는다.

하지만 아내에게는 비교적 자세히 전한다. 학술적인 내용인 경우 가정주부로서의 한계가 있을 것이다. 하지만 자식들이 무엇을 공부하고 있고, 무슨 문제로 그렇게 고생을 하고 있는지는 알아야 되지 않겠느냐는 뜻에서다. 다행히 아내 역시 적극적이다. 가능한 한 많은 것을 이해하기 위해 노력한다. 묻고 또 물어가면서.

글을 통해 이렇게 대화하는 것이 우리 가족에게 많은 것을 주었으리라 믿는다. 우선, 이런 분위기가 아이들로 하여금 공부는 일부러 해야 하는 무슨 특별한 일이 아니라, 누구나 일상적으로 하는 자연스러운 일이라 여기게 만들었던 것 같다. 그리고 또 하나, 식탁에서 이루어지는 대화에서도 누구 하나 소외되지 않게 만들었다. 아이들이 전공하는 이야기가 나와도 서로들 적당한 수준에서 대화를 나눈다. 그럼으로써 가족 서로 간의 이해도 그만큼 더 깊어진다.

# 글쓰기와 가족

누구에게나 글쓰기를 권한다. 시든 소설이든, 여행기든 영화 감상문이든 뭐든 써보라고 한다. 하루 일과 끝의 단상을 한 줄로라도 써보라고 한다. 그리고 이를 가족들과 나누어보라고 한다. 말과 글은 또 다르다. 자신에게는 더 큰 성찰의 기회가 되고, 가족들에게는 또 하나의 신선한 자극이 됨과 동시에 서로 간의 이해를 높이는 일이 된다.

지식과 상식이 필요한 일도 아니다. 시간이 없으면 페이스북에 짧은 글을 올리거나, 사진 한 장 올리듯 유행가 가사 한 줄을 옮겨 보아도 좋다. 그것만으로도 평소 아무런 관심도 두지 않았던 교보문고 건물 외벽에 걸린 시구 하나가 더 크게 눈에 들어올 수도 있다. 무심히 지나다니던 길에 떨어진 낙엽 하나가 달리 보일 수도 있다.

가족들 간의 관계에 미치는 영향은 더 말할 필요도 없다. 글을 서로 나누다 보면 배우자가, 또 아이들이 무슨 생각을 할까 더 깊이 생각하게 되고, 이야깃거리도 그만큼 더 풍부해진다. 그리고 이런 것들이 모여 가족의 문화가 되고 역사가 된다.

안다. 결코 쉬운 일이 아니다. 첫 한 줄을 백 번 천 번, 아니 만 번을 썼다 지웠다 하기도 한다. 게다가 그럴 만한 시간이 있는 사람이 과연 몇이나 있겠는가. 하지만 마음먹기에 따라 얼마든지 할 수 있다. 정 안 되면 남의 시집이나 책에 있는 좋은 문구 하나라도 그대로 옮겨 가족들과 나눌 수 있다. 그것만으로도 많은 것이 변할 수 있다.

프롤로그에서 이야기했지만 이 책의 시작도 그랬다. 아이들이 가정을 이루어나갈 때, 아이들을 무슨 마음으로 어떻게 키웠는지에 대해 긴 편지 하나씩을 써주고 싶었다. 그런데 그 이야기를 들은 지인들이 엉뚱한 이야기들을 해왔다. 아이들에게만 써줄 것이 아니라 아예 책으로 내보라는 것이었다.

곰곰이 생각해보았다. 아이들에게 언젠가 어떤 마음에서 어떻게 키웠는가를 말해주거나 써줄 것이라 생각하며 키우면 어떻게 될까? 원고지 몇 장 분량이라도 말이다. 좀 더 분명한 철학이나 원칙을 가지고 키우게 되지 않을까? '그래, 다른 사람들에게 이를 권하기 위해서라도 책을 하나 써보자. 별 잘난 것이 없고 다소 민망한 기분이 들더라도.' 그래서 시작한 것이 이 책이다.

## "직접 쓰셨어요?"

,

잘 알려진 인사들을 초청해 인터뷰한 후, 그 내용을 정리하여 신문에 연재한 적이 있다. 2015년 초에서 2016년 말, 약 2년간 그렇게 했다. 처음 시작할 때에는 크게 힘든 일이 아닐 것이라 생각했다. 나와 초청 인사가 이야기를 나누면 담당 기자가 이를 정리하도록 되어 있기 때문이었다. 나는 질문만 잘하면 되었다.

그런데 웬걸, 첫 인터뷰부터 일이 많아지기 시작했다. 담당 기자가 초벌 정리한 것이 내가 한 질문의 의도를 다 반영하지 못한 것 같았고, 그래서 이리저리 고치다 보니 결국은 내가 쓰는 꼴이 되어 있었다. '에이, 그럴 바에야….' 2회부터는 아예 처음부터 직접 정리했다. 2주일에 한 번씩 200자 원고지 25매에서 30매의 분량이었다. 그야말로 죽을 고생을 스스로 사서 했다.

원래 그렇다. 나는 글을 다른 사람에게 맡기지 못한다. 물론 공직에 있는 동안에 축사나 인사말 등이야 어쩔 수가 없었다. 하루에 5

건이 되기도 하고 10건이 되기도 하는 걸 어떻게 직접 쓰겠나. 그러나 내 개인의 이름으로 이루어지는 일에는 이런 인사말까지도 한 자 한 자 직접 쓴다. 도저히 시간을 낼 수 없는, 그야말로 아주 예외적인 경우를 제외하고는….

책이나 논문, 그리고 신문의 칼럼 등은 더 말할 필요가 없다. 반드시 처음부터 끝까지, 한 자 한 자 직접 쓴다. 심지어 자료를 찾고 정리하는 일도 직접 한다. 여기에는 예외가 없다. 그럼에도 불구하고 때때로 이런 질문을 받는다.

"직접 쓰셨어요?"

이해가 된다. 직접 쓰지 않는 사람들이 너무 많기 때문이다. 이를테면 선거를 앞두고 나오는 수많은 책, 여기에 소위 '저자'라는 사람이 직접 쓴 책이 몇 권이나 될까? 대개의 경우 전문 작가들이 구술을 받아 써주는데, 때로는 이 구술조차 필요한 양이 되지 않아 작가가 상상력을 발휘하거나 남의 이야기까지 끌어넣어 쓰기도 한다. 그리고도 화제의 책이 되기도 한다.

이참에 명확히 해두자. "이 책, 직접 쓰셨어요?" 그렇다. 직접, 처음부터 끝까지 한 자 한 자 모두 직접 썼다. 그리고 내가 쓴 다른 대부분의 글처럼 아내와 두 딸이 이 책의 첫 독자이자 첫 논평자였다.

# 플라스틱 식기,
# No, Thank-you!

,

## 먹고 마시는 일의 의미

우리 집은 플라스틱 식기를 잘 사용하지 않는다. 큰 쟁반 등 음식을 나를 때는 어쩔 수가 없지만 음식을 담아 먹는 그릇에는 플라스틱 제품이 거의 없다. 특히 가족들끼리 식사를 할 때는 물컵 하나도 플라스틱 제품을 쓰지 않는다. 결혼 후 몇 년 지나지 않아서부터이니 거의 40년 가까이 그렇게 해오고 있는 셈이다.

건강을 염려해서가 아니었다. 요즘이야 플라스틱 식기에 들어 있을 수 있는 환경호르몬 등에 대한 인식이 높다. 하지만 우리 부부가 그런 마음을 먹던 시절에는 꼭 그렇지도 않았다. 오히려 적지 않은 사람들이 다단계 형식으로 판매되는 유명 플라스틱 식기들을 사 모으기도 하던 때였다. 우리 부부라 하여 플라스틱의 유해성에 대해 남다른 의식이 있을 리 없었다.

환경론자라 그런 것도 아니었다. 잘 알려진 바와 같이 플라스틱은 반영구적인 물질로 쉽게 분해되지 않는다. 플라스틱 컵이 분해되는 데 50년 가까이 걸리고, 일회용 기저귀는 450년이 걸린다고 한다. 이 분해되지 않는 플라스틱이 강과 바다, 그리고 육지를 떠돌아다니며 환경을 오염시키는가 하면, 미세 플라스틱으로 변해 우리 몸 속으로 들어오기도 한다.

하지만 이것도 아니었다. 환경론자라 하기에는 플라스틱 제품들을 너무 거리낌 없이 사용해왔다. 아이들 기저귀도 일회용 제품을 사용했고, 플라스틱 장난감도 별 망설임 없이 아이들에게 사다 주곤 했다. 이 글을 쓰고 있는 지금도 책상 위에는 종이가 아니라 플라스틱으로 만든 파일들이 보인다.

플라스틱 식기를 쓰지 않기 시작한 이유는 따로 있었다. 우선 먹고 마시는 것을 가볍게 여기고 싶지 않았기 때문이다. 먹고 마시는 것은 인간이 하나의 생명체로서 살아 움직일 수 있는 에너지를 얻는 일이다. 그만큼 중요하고 감사한 일이라는 생각이 들었다.

식구들과 함께하는 식사는 더욱 그렇다. 가족을 한자리에 앉게 하고, 그럼으로써 사랑과 이해로 구성되는 가족 공동체를 유지하게 한다. 잠시 불편했던 관계가 어쩔 수 없이 같이 앉게 된 식탁에서 풀어지기도 하고, 서로가 가진 지식과 정보, 그리고 지혜가 교환되기도 한다. 어찌 보면 가족을 가족답게 만드는 끈이자 기반이라 할 수 있다.

물론 많은 경우 식사는 가볍게 이루어진다. 이런저런 생각을 하느라 무슨 반찬이 있는지도 모른 채 먹는 경우도 많고, 바빠 한두 숟가락 뜨고 일어서기도 한다. 때로 식사 중에 아내가 오늘은 왜 이러이러한 반찬을 먹지 않느냐고 물어온다. 거짓말 같지만 그 좋아하는 반찬이 그제야 눈에 들어온다. 뭘 생각하느라 눈앞에 있는 음식도 보지 못하는 것이다.

하지만 그런 가운데서도 식사에 꽤 큰 의미를 부여했다. 하나의 예가 되겠지만 되도록 집에 있는 모든 식구가 식탁에 다 앉아야 식사를 시작했고, 아무리 더워도 러닝셔츠 등 속옷 차림으로 식탁에 앉지 않았다. 또 밖에서 일찍 무엇을 먹고 들어온 경우에도 가족들이 식사를 할 때는 같이 식탁에 앉았다.

플라스틱 식기를 사용하지 않는 것도 결국은 이런 맥락에서의 일이었다. 먹고 마시는 일의 무게에 비해 플라스틱이란 것이 너무 가볍고 너무 캐주얼하다고 느껴졌기 때문이었다. 보기에도 그렇지만 손에 닿고 입에 닿는 촉감도 그랬다. 왠지 나 스스로 나를 대접하지 않는다는 느낌이 들었다. 밥 한 그릇과 물 한 잔도 제대로 된 그릇과 제대로 된 잔에 담아 먹고 마시고 싶었고, 그럼으로써 둘러앉아 식사하는 시간을 귀하게 여기고 싶었다.

## 아이들에게도

아이들에게도 다르게 할 이유가 없었다. 밥을 먹기 시작하면서부터 플라스틱 그릇을 쓰지 않았다. 아이들을 존중하는 마음으로 제대로 된 그릇이나 잔으로 먹고 마시게 하고 싶었고, 또 그러면서 먹고 마시는 일이 일반적인 놀이와는 다르다는 것을 느끼게 하고 싶었다.

여기에 또 하나, 다른 중요한 이유도 있었다. 아이들이 자기磁器나 유리 등의 질감과 무게를 느끼게 하고 싶었다. 아이들에 있어 촉감의 발달이 중요하다는 생각에서였다. 또 던지고 떨어뜨리면 깨어진다는 것도 알고, 깨어지면 여러 가지 문제가 생긴다는 것도 알게 하고 싶었다. 앞서 이야기했지만, 그러면서 식사가 놀이와 다르다는 것을 느끼게 하고 싶었다.

적지 않은 부모들이 그릇이 깨어지는 것을 걱정하는데, 우리 부부는 오히려 그 반대였다. 아이들이 다칠 수 있을 정도로 날카롭게 깨어지는 식기는 피해야 되겠지만, 그렇지 않은 경우라면 깨어지지 않는 식기보다 깨어지는 식기가 훨씬 더 교육적일 수 있다고 생각했다. 깨어지는 식기를 보며 함부로 떨어뜨리거나 던지면 안 된다는 것을 배우고, 그러면서 식사라는 특별한 행위에 상응하는 규범을 배우게 될 것이라 믿었다.

몇 해 전, 결혼을 해 두 아이의 엄마가 된 큰딸이 재미있는 이야기를 해주었다. 큰아이를 발도르프 유아원에 보내고 있는데, 플라스틱 그릇을 쓰지 않더라는 것이다.
"어쩜 이렇게 우리 엄마 아빠가 하던 것과 똑같을까 생각했어요."
"그래? 그것참 반가운 일이네."
한마디 해놓고는 정말 그런지 찾아보았다.

발도르프 교육은 원래 자연 친화를 강조한다. 교구나 장난감도 나무나 천 등 자연에서 얻은 것들을 사용한다. 그래서 그런지 그 교육을 받는 우리 손녀들도 산에서 주워온 나뭇가지와 돌 몇 개로 몇 시간을 재미있게 놀곤 한다. 큰 가지와 작은 가지, 둥근 돌과 모난 돌의 조합을 수없이 만들고, 그 용도 또한 끊임없이 구상하며 논다.

식기도 당연히 자기 등을 사용한다. 아이들이 깨뜨리면 아이들로 하여금 이를 치우게 한다. 그러면서 식사라는 행위의 특별함을 느끼게 하고, 식사를 할 때는 어떻게 행동해야 하는지를 스스로 깨닫게 한다.

몬테소리 교육 또한 마찬가지다. 식기는 모두 자기나 유리제품을 사용한다. 이들 식기를 식탁 위에 놓는 것도 아이들 스스로 하게 한다. 어른과 똑같은 식기를 사용하게 하고, 또 이를 스스로 준비하게 함으로써 아이들 스스로 어른들로부터, 또 세상으로부터 신뢰받고 존중받고 있음을 느끼게 한다.

자기나 유리 제품은 수시로 깨어진다. 그러나 몬테소리 교육에서는 이를 크게 신경 쓰지 않는다. 그냥 아이들로 하여금 스스로 치우게 한다. 그렇게 함으로써 아이들은 깨어지기 쉬운 물건을 다루는 방법을 익히게 되고, 더 큰 자신감도 가지게 된다고 본다.

몬테소리 교육의 창시자 마리아 몬테소리Maria Montessori는 이를 이렇게 이야기했다.
"검은 의자에 수시로 검은 잉크 자국을 내는 아이를 생각해보자.

70

또 철판으로 된 식판을 바닥에 계속 떨어뜨리는 아이를 생각해보자. 표시가 나지 않는 만큼, 또 부서지지 않는 만큼 아이는 자신이 한 실수를 인지하지 못한다. 뭐가 잘못되었는지도 모른 채 하지 말아야 할 일을 계속하게 된다. 잘못된 도구와 잘못된 환경이 아이를 그렇게 만드는 것이다."

찾아보면 찾아볼수록, 또 읽으면 읽을수록 이들 교육의 식사에 대한 생각이 우리 부부의 그것과 비슷하다는 느낌이 들었다. 아이들을 존중하고, 깨어질 수 있는 물건에 대한 인지능력과 주의력을 높이고, 그런 물건을 사용하는 일과 장소로서의 식사와 식탁이 갖는 특별함을 느끼게 하고, 또 그 특별함에 따른 규범을 스스로 익히게 한다.

한결 마음이 가벼워졌다. 공연히 별나게 군 것 같은 찜찜함이 사라졌다. 우리 부부가 생각했던 것과 같거나 유사한 생각을 한 교육자들이 있어 왔고, 이들이 행한 교육이 좋은 교육으로 평가받고 있다는 사실을 확인했기 때문이다.

# 아이의
# '구분'과 '구별'

매를 들지 않아서?

주말이나 휴일, 사람들이 많이 오는 식당에 가면 부모들이 데리고 온 아이들 때문에 신경이 쓰이는 경우가 많다. 식당 안을 마치 운동장처럼 소리 지르며 뛰어다니는 아이들이 있는가 하면, 남의 테이블을 기웃거리는 아이들도 있다.

대부분의 부모는 아이를 달래거나 꾸짖는다. 하지만 그러지 않는 부모도 있다. 아이들이 무슨 짓을 하건 그대로 내버려둔다. 옆 자리의 손님들이 그러지 못하게 하면 '아이들이 다 그렇지. 내 아이에게 왜 그러느냐'는 표정을 얼굴에 확 드러내기도 한다. 그러다 시비가 일어나기도 한다.

흔히 이런 아이들을 보고 아직 아이들이다 보니 자제력이 부족해서 그렇다고 한다. 그러면서 너무 오냐오냐 키워서 그렇다고 한다. 안 되는 것은 안 된다고 하고, 경우에 따라서는 매를 들어가며 가르쳐야 하는데, 요즘 부모들이 그렇지 못하다는 것이다.

옳은 이야기다. 잘 알다시피 사회적 규범이 제대로 갖추어진 나라들의 경우 이를 엄격히 가르친다. 이를테면 자유분방한 나라라고 하는 미국만 해도 부모들은 자기 아이가 식당 안을 함부로 뛰어다니거나, 남의 테이블 앞을 왔다 갔다 하게 두지 않는다. 옆 테이블 가까이만 가도 부모가 사과를 하고 아이를 데리고 간다.

일본의 경우는 더욱 그렇다. 사회적 규범을 지키지 않는 경우 공동체 내의 인간관계에서 제외시키거나 배척해버리는 무라하치부村八分 같은 전통이 살아 있기 때문이다. 무라村는 부락 또는 촌락, 하치부八分는 배척 또는 따돌림을 의미하는데, 사람이 살아가는 데 있어 공동체에서 따돌림을 당하는 것만큼 무서운 일도 없다.

그래서 일본 사람들은 속내, 즉 혼네本音를 잘 드러내지 않는다. 함부로 남의 심기를 건드리거나 남을 기분 나쁘게 하지도 않는다. 이 모두가 '하치부'의 대상이 될 수 있기 때문이다. 드러내는 것은 겉마음으로서의 다테마에建前, 즉 상대를 배려하고 상대에게 잘하는 겉마음이다. 이 다테마에는 비즈니스 관계에는 물론, 심지어 친구와 연인, 그리고 부부간에도 나타난다.

이런 문화에서 아이들이 남에게 피해를 주는 것을 그냥 보고 있을 리 없다. 어림도 없는 이야기다. 언젠가 일본 식당에서 다른 테이블 앞에서 장난을 치는 어린아이를 본 적이 있다. 아이 엄마가 바로 쫓아오더니 아이를 홀 밖으로 데리고 나갔다. 화장실을 가느라 밖으로 나와 보니 아이를 혼내고 있는데, 정말 저렇게까지 해야 하나 싶을 정도로 모질게 야단을 치고 있었다.

잘하는 일이라 할 수 있다. 특히 일본의 경우를 이야기하면 적지 않은 사람들이 아이들에 대한 훈육이 살아 있다며, 아이들 교육은 그렇게 시켜야 한다고 말한다. 그러나 정말 그럴까? 꼭 그런 방식으로 해야 할까? 마음 한 구석에 의문이 남는다. 아이에게 적지 않은 '억압'이 될 수 있기 때문이다.

아이들이 식당에 뛰어다니는 것은 자제력 부족과 훈육 부족 이전에 상황을 인식하고 구별하는 능력이 부족해서 생기는 문제일 수 있다. 즉 식사를 한다는 것, 그것도 다른 사람들도 오는 대중식당에서 식사한다는 사실의 '특별함'을 느끼지 못해서 생기는 일일 수 있다는 말이다. 상황의 특별함을 인식할 수 있게 해주면 자제력은 저절로 자랄 수도 있다. 훈육 또한 그다음의 문제다.

　상황을 인식하고 구별하는 능력은 배 속에서부터 가지고 태어나는 것이 아니다. 느끼고 배우고 익히면서 자란다. 부모나 보호자의 역할이 그만큼 중요하다는 이야기다. 아이를 나무라고 혼을 내기 이전에 식사는 놀이와 다르다는 사실, 그리고 많은 사람이 같이 식사를 하는 자리는 놀이터가 아니라는 사실을 느끼게 해주어야 한다.

　다행히 우리 아이들은 여러 사람이 오는 식당 등에서 '말썽'을 부린 적이 별로 없다. '별로 없다'라고 말하는 것은 최소한 내 기억에는 없다는 뜻이다. 그러다 보니 일본 식당에서의 그 엄마처럼 아이에게 벌을 줘가며 '훈육'한 적도 별로 없다. 사람들은 흔히 아이들이 원래 얌전해서 그렇다고 말했는데, 정말 이유가 그것만이었을까.

　모르긴 해도 식사는 놀이와 다르다는 사실을 나름 느끼고 있었기 때문일 것이다. 앞서 말한 것처럼 식사를 할 때면 아이들에게도 조심해서 다루지 않으면 안 되는 자기 그릇 등을 사용하게 했는데, 이를테면 바로 이런 일들이 도움이 되었을 것이라 생각한다. 식사라는 행위가 놀이가 아니라는 사실을 스스로 느끼게 해주었을 것이라는 말이다.

## 똑똑해지길 원하면서도

식당 예절을 이야기하기 위해 꺼낸 말은 아니다. 우리 아이들은 식당에서 예의 바르게 행동했다는 자랑은 더욱 아니다. 아이들을 키우면서 가졌던 고민 중 하나, 즉 구별능력에 대한 생각을 적어보기 위해서다.

구별하는 능력은 인지능력의 중요한 부분이다. 구별한다는 것은 차이를 안다는 것이고, 차이를 안다는 것은 비교가 가능해진다는 것이다. 또 비교가 가능해진다는 것은 새로운 생각과 그 생각들의 융합과 통합도 가능해진다는 이야기다. 어떻게 보면 구분과 구별은 모든 생각과 행동의 출발이라고 할 수 있다. 또 새로운 융합과 창조의 근본이라고 할 수도 있다.

하나의 예로 나는 강의를 하면서도 다양한 형태의 융합을 시도한다. 국가 권력의 본질을 강의할 때는 대학 교재와 함께 이문열의 소설《들소》를 읽게 하고, 빈부격차와 차별이 있는 사회의 문제점을 강의할 때는 마이클 무어 감독의 다큐멘터리 영화〈볼링 포 컬럼바인Bowling for Columbine〉을 보게 한다. 학생들 발표 또한 마찬가지로 비전통적인 방식을 허용한다. 시를 써서 발표해도 좋고, 연극을 해도 좋다고 한다.

76

이렇게 하는 이유는 하나다. 이러한 융합이 학생들로 하여금 우리 사회의 문제를 가슴으로 느낄 수 있게 하기 때문이다. 그리고 살아 있는 지식을 얻게 하는 데 훨씬 더 효과적이기 때문이다. 딱딱한 교재나 논문 등을 사용하는 것보다 말이다.

때로는 강의 그 자체도 다양한 형태의 활동과의 융합을 시도한다. 얼마 전에도 젊은이들과 함께 영화 〈기생충〉을 본 후, 영화관 부근 루프탑rooftop 카페에서 우리 사회의 빈부격차에 대해 토론했다. 영화 속의 장면과 대사는 훌륭한 교재가 되었고, 논의와 토론은 대학의 어떤 강의실 모습보다도 진지했다.

그 성과가 어떠했느냐를 떠나 이러한 시도가 가능한 것은 강의와 영화, 그리고 대학 교재와 소설 등이 각각 어떤 특성으로 어떻게 구별되는지에 대한 인식이 있기 때문이다. 각각의 특성이 어떻게 다른지, 또 어떻게 구분되고 구별되는지에 대한 판단이 없으면 제대로 된 융합을 이룰 수가 없다. 구별과 구분이 전제되지 않은 채 합쳐져 있는 것은 융합이라기보다는 혼돈chaos이다.

## 구분하고 구별하는 능력 높이기

아이들은 일정 부분 구분하고 구별하는 능력을 스스로 키워나간다. 밤과 낮을 구별하고, 색깔을 구별하고, 모양을 구별하고, 남자와 여자를 구별해나간다. 그러다 어휘와 표현도 구별하게 되고, 그러면서 나름 상황과 맥락에 맞는 행동과 언어 구사도 하게 된다.

그러나 아이들 스스로 이러한 능력을 키워가는 데는 한계가 있다. 그러한 능력을 키워나갈 수 있는 경험을 하거나 환경을 만들기가 어렵기 때문이다. 이를 위한 부모와 보호자, 그리고 선생님들의 관심과 노력이 절대적으로 필요하다는 이야기다.

이를테면 식당에서 제멋대로 행동하는 아이를 그대로 두는 것은 남에게 피해를 끼치는 일만이 아니다. 아이의 구별능력과 인지능력이 발달하지 못하도록 그대로 두는 것이다. 동그라미와 세모를 구별하지 못하는 것은 답답해하면서, 식사하는 자리와 놀이공간을 구별하지 못하는 것은 왜 그대로 둘까. 그러고도 아이들이 더 똑똑해지기를 바랄 수 있을까. 아이들을 키우면서 늘 가지고 있었던 의문이다.

억압적이지 않은 방법으로 식당에서의 이런 일 하나에서부터 이

것과 저것의 차이를 알게 하는 것, 또 스스로 느끼게 하는 것, 이것이 부모와 보호자, 그리고 선생님들의 역할이 아닐까? 때리거나 심하게 꾸짖는 방식이 아닌 다른 어떤 방법으로든 말이다. 고민하며 찾으면 여러 가지 지혜로운 방법이 있을 것이다.

할아버지 할머니 등 어른에게 존댓말을 쓰게 하는 것만 해도 그렇다. 그냥 그렇게 하는 것이 예의니까 하는 것만이 아니다. 사람과 사람 간의 사회적 관계를 구분하는 능력을 키우기 위해서도 그렇게 해야 한다. 하늘에 있는 해와 달, 그리고 별이, 또 숲속에 있는 동물과 생물이 어떻게 다른지, 또 서로 어떤 관계에 있는지를 가르치는 것과 마찬가지다.

우리 아이들의 경우, 되도록 아이들 스스로 그런 능력을 키워나갔으면 했다. 부모는 그런 능력이 자랄 수 있는 환경을 만들어주거나, 그와 관련된 생각을 이끌어내는 정도의 역할이면 된다고 생각했다. 앞서 말한 것처럼 깨어질 수 있는 자기 그릇 등을 사용하게 하거나, 옷을 단정하게 입고 앉음으로써 식탁이 놀이공간과 다르다는 것을 느끼게 하거나, 부모 스스로 때와 장소, 그리고 상대에 맞는 말과 행동을 하기 위해 노력하는 것 등이었다. 그다음은 모두 아이들 몫이었다.

# 구별과 구분

,

앞서 엄마 아빠의 교육이 발도르프 교육과 비슷한 부분이 많았다고 했는데, 아빠가 말씀하신 '구분과 구별'의 문제도 마찬가지다. 엄마 아빠와 발도르프 양쪽 모두 식당과 놀이터는 다르고, 식사 시간과 놀이 시간이 다르다는 것을 확실히 한다. 예를 들어 TV를 보며 밥을 먹어서는 안 된다.

우리 집에서는 학교, 놀이, 명절, 여행, 사람 그 모든 것에 따른 구분이 있었다. 시작과 끝이 있었고, 경계가 있었다. 당연히 그때마다 긴장과 이완, 집중과 풀어짐도 있었다. 아주 쉬운 예로, 설날에 한참 요리를 하다가 세배를 할 때가 되면 옷을 완전히 갈아입고 머리를 다시 묶었다. 요리와 세배 사이의 구분을 확실히 한 것이다. 그럼으로써 요리는 요리대로, 세배에는 세배대로 진심을 담았다.

아빠부터 이 점에 있어서는 확실했다. 하나의 예로 서재에 계신 아빠는 가족 모두에 있어 평상시의 아빠와 달라 보였다. 서재를 직접 항상 깔끔하게 정리하셨고, 한밤중이나 새벽에도 잠옷 차림이나 내복 바람으로 서재에 앉으신 적이 없었다. 항상 몸과 마음을 정리하고 일을 하시는 것 같았다.

그러다 보니 일하실 때는 누가 뭐라 하지 않아도 함부로 서재 문턱을 넘지 않았다. 집으로 걸려오는 전화도 바꿔드리기가 부담스러울 정도였다. 누가 뭐라고 한 적은 한 번도 없다. 엄격한 분위기 그런 것도 없었다. 그냥 너무나 자연스럽게 아빠가 일하는 그 시간의 서재는 다른 곳이었다. 늘 다정한 아빠였지만, 서재에 계시는 동안은 좀 다른 존재였다.

발도르프 교육에서는 이를 '경계'라 이야기하며 중시한다. 경계를 가르치기 위해 짧고 따뜻한 의식이나 기도가 많이 활용된다. 초를 켜고 식사기도를 한 다음 식사를 하는 일, 활동마다 '열기'와 '닫기' 의식으로 노래를 부른다거나 리코더를 분다거나, 여의치 않으면 말로써라도 활동을 함께한 사람들을 모두 모아놓고 지금부터 뭔가가 '시작된다', '끝났다' 하는 것을 알리는 일 등이다. 의식이 많아 어떤 사람들은 종교적 느낌을 받기도 한다. 하지만 종교적 이유에서 하는 일은 결코 아니다.

경계를 분명히 하는 일은 아이를 불필요한 불안이나 혼란에서 구해낸다. 그래서 더 자유롭게 한다. 경계로 인해 명확해지는 긴장과 이완, 발도르프 교육의 언어를 빌려 '들숨, 날숨'은 집중을 용이하게 하고, 배움의 깊이를 더한다. 같은 세배라도 옷매무새와 머리를 한 번 더 가다듬고 하는 것에 더 큰 진심이 담길 수 있는 것처럼 말이다.

# 욕 잘하면
# 머리도 좋아?

,

### 욕辱의 기능

팔이나 다리를 다쳐 몹시 아플 때, 그 통증을 그냥 참기보다는 고함을 질러보면 어떻게 될까? 또 그냥 고함을 지르기보다는 무슨 욕이든 큰소리로 욕을 하게 되면 어떻게 될까?

2009년 스티븐스Stephens라는 영국 심리학자가 두 명의 동료와 함께 재미있는 실험을 했다. 먼저 한 그룹의 사람들에게 망치로 엄지손가락을 내려치는 실수를 했을 때 입에서 튀어나올 법한 욕을 적게 했다. 그리고 또 한 그룹에게는 탁자를 보면 떠오르는 보통의 단어를 적게 했다. 그런 다음 차가운 얼음물에 손을 담근 후, 자신들이 적은 욕과 보통의 단어들을 반복적으로 말하며 견디는 데까지 견뎌

보라 했다.

어느 쪽이 더 오래 견뎠을까? 욕을 반복적으로 되풀이한 쪽일까, 아니면 탁자를 설명하는 보통의 단어를 되풀이한 쪽일까? 욕을 한 쪽이 50퍼센트나 더 긴 시간을 버텼다. 욕을 하는 행위가 아드레날린 분비를 촉진시키고 심장박동을 빠르게 하면서 일종의 진통제 역할을 한 것이다.

같은 연구자에 의한 또 다른 실험도 있다. 자전거 실험인데 바퀴가 잘 돌지 않게 한 후, 한 그룹의 사람들에게는 욕을 하며 페달을 밟게 했고, 또 한 그룹의 사람들에게는 보통의 단어들을 말하며 페달을 밟게 했다. 어떤 결과가 나왔을까? 앞의 실험과 거의 같은 결과가 나왔다. 즉 욕을 하는 쪽의 성적이 좋았다.

욕도 이렇게 이로울 때가 있다. 사실 그렇다. 주먹으로 한 방 날리고 싶은 마음이 들다가도 욕 몇 마디 퍼붓고 나면 그런 감정이 덜해진다. 욕이 때리고 싶은 욕구나 폭력성을 줄어들게 한다는 말이다. 그뿐만이 아니다. 욕쟁이 할머니 식당에서의 욕은 즐거움을 주기도 하고, 동료들 사이에 가볍게 주고받은 욕은 서로의 유대감을 더해주기도 한다.

사실, 욕이라는 게 그렇게 비정상적인 것만도 아니다. 사람의 감정이 격해질 수 있듯이 욕도 그러한 감정의 자연스러운 표현일 수 있다. 특히 아이들의 욕은 그렇다. 언어를 습득하는 과정에서, 때로는 그 의미도 모른 채 듣고 배워 습관화하기도 한다. 그러다 나이가 들면서 하지 않게 되거나 덜 하게 된다. 아주 크게 걱정할 문제가 아닐 수 있다는 이야기다.

## 욕辱과 언어능력

그러나 우리 집에 있어 욕은 일종의 금기다. 어찌되었건 남의 감정을 해치는 행위이자, 사회적으로 용인되지 못하는 행위라는 점 등 여러 가지 이유가 있다. 하지만 아이들이 자랄 때 가장 크게 걱정했던 것은 언어능력의 문제였다. 즉 욕을 습관적으로 하다 보면 언어능력의 발달이 그만큼 방해받을 수 있다고 본 것이다.

욕은 너무나 효과적인 표현이다. 한마디 던짐으로써 자신의 감정을 쉽고 명확하게 드러낼 수 있다. 하지만 바로 이 점이 문제다. 욕에 의존하는 만큼 자신의 감정을 표현할 수 있는 언어와 논리를 찾고, 이를 조합하는 노력을 게을리하게 된다. 그 결과 언어능력이 한껏 발달하지 못하게 되고, 그러면서 언어능력이 표현하고 싶은 감정을 따라가지 못하게 된다. 욕이 욕을 부르는 악순환이 일어나게 된다는 말이다.

물론 꼭 그렇지 않다는 설도 있다. 욕을 하는 것과 언어능력의 발달은 별개의 문제라는 주장도 있고, 이를 증명해 보이기 위한 실험도 있다. 한 예로 2015년, 미국 심리학자 티모시 제이Timothy Jay와 크리스틴 잔슈비츠Kristin Janschewitz는 언어능력이나 지능이 떨어지는 사람이 욕을 많이 한다는 일반적 믿음이 사실인지를 검증했는데, 그 결과가 재미있다.

이들 두 연구자는 40여 명의 20세 전후 젊은이들에게 1분간 아는 욕을 말하게 했다. 그리고 다시 1분을 주면서 욕이 아닌 보통의 단어들을 말하게 했다. 그러고는 또다시 1분을 주면서 동물과 관련된 단어들을 말하게 했다. 그 결과 욕을 많이 아는 사람일수록 더 많은 보통의 단어와 더 많은 동물 관련 단어들을 알고 있음을 알게 되었다. 욕을 많이 아는 사람이 언어능력도 높을 수 있음을 보여준 셈이다.

이 연구는 곧 유명세를 탔다. 왜 그렇지 않았겠나. 욕을 많이 하는 사람들에게 '내가 오히려 머리가 더 좋고 언어능력도 더 뛰어날 수 있다'라는 '긍지'와 '자신감'을 주었으니 말이다. 실제로 이 연구를 보도한 당시의 신문기사 중에는 이런 종류의 내용이 많다. '욕을 잘

하는 당신, 당신은 천재일 수 있다.'

하지만 이런 연구 결과가 그리 놀랄 일인가? 정말 이를 두고 욕을 잘하는 사람이 언어능력도 뛰어나고 머리도 좋다고 말할 수 있을까? 또 더 나아가 욕을 많이 할수록 언어능력이 더 발달하게 된다고 주장할 수 있을까?

어림없는 이야기다. 우선 이 연구에서는 욕을 얼마나 많이 하느냐가 아니라, 얼마나 많이 알고 있는가를 물었다. 욕도 언어다. 어휘력을 포함해 언어능력이 높은 사람이 욕도 많이 알고 있을 수 있다. 일상적으로 욕을 하건 하지 않건 말이다. 전혀 이상할 게 없는 결과다.

또 실제로 머리 좋고 언어능력이 뛰어난 사람들 중에도 욕을 잘하는 사람들이 많다. 내 주변에도 좋은 대학을 졸업하고 말도 잘하는 사람이 욕까지 입에 달고 사는 사람들이 꽤 있다. 하지만 이들의 예를 근거로 욕을 하는 것과 언어능력의 발달이 아무 관계 없다거나, 욕을 많이 할수록 언어능력도 발달하게 된다고 말할 수 있을까. 그렇지 않다. 이들 역시 욕하는 습관을 버렸으면 언어능력이 훨씬 더 발달했을 거라고 보는 것이 타당하다.

사실 어떠한 연구도 우리 아이들을 키울 때 가졌던 생각, 즉 욕을 많이 하면 언어능력이 발달하지 못하게 된다는 생각을 완전히 뒤

집지 못한다. 욕이라는 강력한 표현 수단에 익숙해진 사람이, 또 그에 대한 심리적 부담을 느끼지 않는 사람이 무엇 때문에 굳이 다양한 어휘의 조합과 논리 구성을 통해 자신의 심리적 상태를 표현하려 하겠는가. 욕에 의존할수록 이러한 노력이나 훈련은 뒤로 갈 수밖에 없다.

같은 맥락에서 아이들에게 비속어를 쓰거나 밀고 당기고 넘어뜨리고 손찌검을 하는 등 남에게 물리적 압력을 행사하는 것도 못하게 했다. 이 또한 그 자체가 나쁜 일이기도 하지만, 언어능력의 발달에 방해가 된다고 보았기 때문이다. 어떤 경우에도 말로써, 그것도 통상적인 언어로써 자신의 감정과 생각을 표현하게 했다.

하지만 쉽지 않았다. 집에서 하지 못하게 한다고 해서, 또 하지 않는다고 해서 끝나는 문제가 아니기 때문이다. 아이들은 아이들 나름대로 그들의 문화가 있다. 미국에서 이루어진 조사들에 의하면 미국 청소년들의 다수, 즉 70~80퍼센트가 욕을 일상적으로 하고 있다. 이러한 분위기나 문화로부터 빠져나온다는 것이 얼마나 어려운 일이겠는가.

우리나라도 마찬가지여서 70퍼센트 이상의 청소년들이 욕을 일상적으로 하고 있는 것으로 알려져 있다. 또 그중 상당수는 아무런 부담감 없이, 심지어 그 욕이 무엇을 의미하는지조차 모른 채 습관적으로 하고 있는 것으로 나타나고 있다. 욕을 하지 않고는 학교든 인터넷 공간에서든 아이들 나름의 공동체의 일원이 되기 힘든 상황이라는 이야기다.

특히 비속어의 문제는 더욱 그렇다. 예를 들면 우리 아이들도 '쪽팔린다'는 말을 수시로 했었다. 스스로들 잘못된 표현이라는 것을 알면서도 이미 입에 익은 표현이라 자신들도 모르게 그렇게 말하곤 했다.

하지만 그럴 때마다 지적하고 고쳐주려 하지 않았다. 모르고 있으면 몰라도 알고 있으면서도 습관적으로 하는 일을 굳이 다그칠 이유가 없었다. 알고 있고 느끼고 있으면 나이가 들면서, 또 청소년기를 지나면서 스스로 고쳐나가게 되어 있기 때문이었다.

부모가 할 일은 오히려 일상생활과 일상적인 대화에서 욕을 하거나 비속어를 쓰지 않음으로써 그것이 잘못된 일이라는 점을 간접적으로 알려주는 것이다. 또 욕이나 비속어를 쓰지 않고도 말하고 싶은 것을 말할 수 있음을 보여주는 것이다.

# 남의 몸에
# 손을 댄다는 것은?

,

또 하나의 금기

앞서 아이들에게 욕을 하지 못하게 했다고 했는데, 우리 집 아이들에게는 이와 비슷한 금기가 또 하나 있었다. 사람 몸에 함부로 손을 대지 않는 것이다. 때리고 차는 공격적인 행동은 물론, 호감을 표시하는 행위도 상대의 입장과 기분을 살펴가며 조심스럽게 하라고 했다.

아이들이 완벽하게 지켰다고 생각하지는 않는다. 엄마 아빠 모르는 사이에 자매끼리 치고받고 싸운 적도 있었고, 호의와 친근감의 표시로 친구들을 툭툭 치거나 밀고 당기고 한 적도 있었을 것이다. 기억하건대 둘째 아이의 경우 미국에서 학교를 다니던 초등학교 1

학년 초, 수시로 공격적인 행위를 했다. 영어를 하지 못하는 상태에서 자신을 표현할 수 있는 방법이 그것밖에 없었기 때문이다.

그러나 되도록 그러지 말라고 가르쳤고, 아이들 또한 최소한 부모 앞에서는 그러지 않았던 것으로 기억한다. 미국에서의 둘째 아이는 영어가 늘어가면서 공격적인 행동은 물론, 다른 아이들에게 함부로 손을 대는 행동을 하지 않았다.

우리 부부 역시 마찬가지였다. 어쩔 수 없이 아이들과 다툴 때도 있었고, 또 몇 차례 매를 든 적도 있었다. 하지만 이런 경우에도 손찌검을 하는 등 몸에 손을 댄 적은 없다. 몸에 직접 손을 대는 것은 어떠한 경우에도 금기였다. 그게 그것 아니냐고 물을 수 있겠지만, 손으로 때리는 것과 매를 사용하는 것은 다르다. '손'에는 감정이 들어가기 쉽지만 '매'에는 나름의 절제와 형식이 들어 있다.

딸들이라 그렇게 키웠나 보다 하겠지만 그렇지 않다. 아들이라도 분명 그렇게 키웠을 것이다. 싸울 일이 있으면 정식으로 정정당당하게 싸우더라도, 또 기분 좋은 일이 있으면 서로 얼싸안고 좋아하더라도, 수시로 툭툭 치거나 밀고 당기는 일 등 사람 몸에 쉽게 손을 대는 행위는 하지 못하게 했을 것이다.

이유는 크게 세 가지다.

첫째, 예의가 아니라는 생각에서다. 몸은 상대의 실체다. 상대를 존중하는 만큼 그 실체인 몸을 존중해주는 것이 옳다. 다들 어렵거나 두려운 사람의 몸에는 함부로 손을 대지 않는다. 악수도 상대가 손을 내밀어야 잡고, 서양식 포옹 인사인 허그hug를 해도 가슴과 가슴이 너무 닿지 않게 주의한다. 어렵거나 두려운 사람에게는 이렇게 하면서 친하고 가까운 사람이라 하여 함부로 대할 이유는 없다.

둘째, 언어능력을 키우는 데 방해가 된다는 생각에서다. 욕을 하는 것과 마찬가지로 상대의 몸에 손을 대는 것으로 상대에 대한 감정이나 정서를 표현하다 보면 언어적 표현능력이 그만큼 덜 발달할 수 있다. 말보다는 행동에 의존하는 경향이 점점 더 커지기 때문이다.

물론 확실치 않은 부분이 있다. 미국에서 둘째 아이처럼 언어적 표현능력이 떨어져 사람 몸에 손을 대게 되는 것인지, 아니면 그 반대로 사람 몸에 쉽게 손을 대는 습관이 언어적 표현능력을 떨어뜨리게 되는지 정확히 알 수는 없다. 하지만 이 둘이 깊은 상관관계를 가지고 있다는 점은 부정하기 어렵다.

셋째, 이런 예의 없는 행동이 습관화될 수 있다. 한두 번 하던 것이

버릇이 되고, 그러면서 그러한 행동을 자제할 수 있는 능력도 떨어지게 된다. 당연한 이야기가 되겠지만 우리 사회가 이를 다 받아줄 리가 없다. 자연히 사회 적응능력은 그만큼 떨어지게 된다.

어떤 사람은 사람 몸에 손을 대는 행위들, 특히 때리고 차는 공격적 행위는 많은 부분 그 원인이 생리적 또는 유전적이라고 한다. 그래서 부모가 하지 말라고 해서 안 하게 되는 게 아니라고 말한다. 아주 틀린 말이 아니다. 주의력결핍 과잉행동장애Attention Deficit Hyperactivity Disorder, ADHD 등 아이 스스로 쉽게 통제할 수 없는 요인들에 의해 이루어지는 경우들이 있을 수 있다.

하지만 그렇게 말하고 넘어갈 일은 아니다. 그렇게 말하면서 아이들의 공격적인 행위를 있을 수 있는 일쯤으로 보고 방치하는 태도를 보이거나, 공격적인 행위를 했을 때만 아이에게 관심을 기울이는 행위, 그리고 아이들의 언어적 표현능력에 무관심한 태도 등 부모의 잘못된 인식과 자세가 상당한 영향을 미칠 수 있다.

설령 생리적, 유전적 문제가 있다고 해도 그렇다. 부모의 관심과 태도에 따라 얼마든지 달라질 수 있다. 의학적 치료를 할 수도 있고, 상담을 받을 수도 있다. 부모 스스로 아이들에게 도움이 되는 환경을 조성할 수도 있을 것이다. '우리 아이는 원래 저래', '아이들이 다 그렇지' 하는 식의 방관이나 자기 합리화가 더 큰 문제를 만들 수도 있다.

## 잘못된 문화

오래전부터의 일이지만 TV의 개그 프로그램이나 연속극 등을 보며 안타까워하는 일이 많다. 사람 몸에 함부로 손을 대는 문화가 우리 사회 깊숙이 자리 잡아가고 있다는 생각이 들었기 때문이다. 때리고 차고, 밀고 당기는 장면이 수시로 나오고, 시청자들 또한 아무런 거부감 없이 이를 즐긴다. '무례'가 일상화되는 가운데, 아이들의 언어적 표현능력이 저하될 수 있는 환경이 펼쳐지고 있는 것이다.

안타까운 마음에 한번은 어느 방송의 특정 개그 프로그램에서 그런 장면이 몇 번이나 나오는지 세어본 적이 있다. 1회 방송에 평균 수십 번, 그야말로 처음부터 끝까지 때리고 차고 미는 장면들이었다. 방청객들의 모습도 마찬가지로, 그런 장면들이 나올 때마다 박장대소를 했다. 그렇게 하지 않으면 웃길 수 없다고? 정말 그럴까? 그렇게 말하는 것이야말로 오히려 웃기는 이야기 아닌가?

우리 모두 자신도 모르게 잘못된 문화에 노출되어 있다. 답답하고 안타까운 일이다. 하지만 어쩌겠나. 그런 만큼 부모의 올바른 판단과 아이들에 대한 더 큰 관심이 필요한 것이다.

다음의 글은 '미투' 바람이 세게 불던 2018년 2월에 쓴 신문 칼럼이다. 조금 다른 내용이기는 하지만 결국은 같은 맥락의 이야기여서 소개한다.

# 다른 사람 몸에 손을 댄다는 것은
,

코미디를 좋아한다. 특히 지치고 힘들 때는 쉽게 코미디 프로그램을 찾는다. 아무 생각 없이 그저 보고 듣는 것만으로도 기분이 나아지기 때문이다. 소파나 침대 위에 늘어져서 본다면 그야말로 '금상첨화'다.

특정 장면이 오랫동안 기억에 남는 경우도 적지 않다. 머릿속 깊은 곳 어딘가에 박혀 있다가 적절한 때 다시 떠올라 기분을 바꾸어 준다. 자못 심각한 문제나 상황 앞에서도 마음의 여유를 되찾게 해주기도 한다.

예를 하나 들어보자. 어느 미국 코미디언이 총기규제가 아니라 총알 가격을 규제해야 한다고 너스레를 떠는 장면이다.

"총알 하나에 5,000달러! 그러면 이러겠지. 네놈 죽이는 데 5,000달러나 들어? 내가 미쳤니. 너한테 그런 돈을 쓰게…."

아니면 이러지 않을까.

"야, 적금 탈 때까지 기다려. 그때 총알 사서 다시 올게."

표정도 어투도 웃을 수밖에 없는 장면으로 총기규제 이야기만 나오면 이 장면이 떠올라 웃음짓곤 한다.

그런데 요즘 우리 코미디는 그리 즐겁지 않다. 보더라도 '다시 보기'를 해서 선택적으로 보고, 마음에 들지 않는 코너는 건너뛰면서 본다. 이를테면 사람 몸을 소재로 하거나, 차고 때리면서 웃기려는 코너 등은 보지 않는다.

우선 몸을 소재로 하는 것부터 그렇다. 살찌고 키 작고 못생긴 사람은 사람도 아닌 것처럼 취급된다. 뚱뚱한 사람은 먹기 위해 태어난 사람이 되고, 못생긴 사람은 이성異性 근처에도 가서는 안 되는 혐오스러운 사람이 된다. 아무리 소재가 빈약하고 아이디어가 없다고 해도 그렇지, 어떻게 이런 걸 코미디의 주류로 만들고 있을까.

밀고 때리고 차는 것도 당혹스럽기는 마찬가지다. 정말 애들이 볼까 겁난다. 언젠가 한번 특정 코미디 프로그램에서 이런 장면들이 얼마나 많은지 세어보았다. 많은 경우 1회 방송에 무려 수십 번, 거의 1~2분에 한 번꼴로 사람을 때리고 밀고 차고 했다.

코미디는 코미디로 봐주면 된다고? 그렇지 않다. '5,000달러짜리 총알' 이야기처럼 이런 못된 장면들 또한 우리의 기억 속에 각인된다. 그러면서 알게 모르게 일상생활 속의 크고 작은 폭력들을 아무것도 아닌 양 방관하게 만든다. 또 더 나아가 자신이 행하는 폭력을 있을 수 있는 일로 여기게 만든다.

왜 이렇게 되었을까? 달리 무슨 이유가 있겠는가. 몸에 대한 잘못된 문화와 관행, 그리고 습관이 광범위하게 퍼져 있기 때문이다. 그러니 이런 코미디가 만들어지고, 그걸 보며 우리 모두 웃고 박수치는 것이다.

'미투'로 연일 드러나고 있는 우리 사회의 추악한 모습들, 성추행과 성폭행은 이런 문화와 관행, 그리고 습관과 아무 관계가 없을까? 결국은 사람의 몸과 관련된 것이다. 다른 사람의 몸을 존중하는 문화가 있고, 남의 몸에 함부로 손을 대어서는 안 된다는 금기가 있는 상황이라면 뭐가 달라도 다르지 않았을까?

이런 점에 있어 우리 모두가 죄인이다. 사람의 몸을 웃음의 재료로 삼고, 사람 몸에 손을 대는 것을 별것 아닌 양 여기는 주체가 다른 누구도 아닌 우리들이기 때문이다. 또 이런 잘못을 고치기 위해 노력하기보다는 이를 보고 웃고 즐기며 방관하고 있는 것도 우리들이기 때문이다.

대학원 시절, 교수와 학생들이 야유회를 갔다. 노래자랑을 하는데 사회를 보는 학생이 다른 학생 몇 명의 몸을 가지고 농담을 했다. 이를테면 뚱뚱한 학생이 조금 늦게 앞으로 나오자, 먹는 속도는 어떤데 몸 움직이는 속도는 어떻다라고 놀리기도 하고, 윗옷을 들춰 배를 내어 보이게 하기도 했다.

대학원장이 일어섰다. 그리고 마이크를 잡고 이렇게 말했다.
"왜 남의 몸을 가지고 조크를 하느냐. 몸은 인격의 실체다. 다른 사람의 몸은 머리카락 하나도 소중히 여길 줄 알아야 한다. 그래서 악수 하나도 예의를 갖춰 하라고 하는 것이다. 여러분은 지성이다. 이러지 마라."

야유회의 흥은 깨졌지만 그로 인해 더 기억에 남는 말씀이 되었다. 그 말씀을 새기며 다시 한번 말한다. 남의 몸에 함부로 손을 대지 말자. 상대가 동성同性이건, 이성異性이건. 또 힘이 있는 사람이건, 힘이 없는 사람이건.

- <이투데이> 2019.2.27

PART 2

# 어떤 학교에 보내야 할까?

공부, 정상과 비정상의 뒤바뀜

# 시계를 못 읽는 아이

,

## 아이의 의문

미국의 초등학교 1학년에 입학한 작은아이가 한동안 시계를 못 읽었다. 참으로 당혹스러웠다. 이렇게 가르치고 저렇게 가르쳐도 안 되었다. 처음에는 대답이라도 했는데, 며칠 지나서는 아예 입을 닫아버렸다. '시침이 여기 있으면 몇 시, 분침이 여기 있으면 몇 분'이라고 기계적으로 외우게 할까 생각하기도 했다. 하지만 소용이 없었다. 아이는 오히려 더 강한 거부감을 보였다.

시時는 시침이 가 있는 위치를 읽으면 된다. 1부터 12까지의 숫자가 적혀 있는 경우가 많다. 분分 역시 분침이 가 있는 위치를 읽으면 된다. 1부터 60까지의 숫자가 적혀 있지는 않지만 시를 나타내는 숫자를 참고하여 읽어내면 된다. 참으로 간단한 문제 아닌가. 그런데 이걸 읽어내지 못하다니.

기가 막혔다. 분명 바보는 아닌 것 같은데, 왜 이걸 읽어내지 못할까? 일단 가르치는 것을 중단했다. 더 이상 가르치다가는 아이 마음에 상처를 줄 것 같았다. 언젠가는 읽게 되겠지 생각하기로 했다. 그러나 말만 그렇지, 몇 날 며칠 잠도 제대로 자지 못했다. '이 간단한 것을 왜 못 읽을까.' 그러다 우연히 떠오르는 생각이 있었다. '그래, 그래서 그런지 몰라.'

다음 날 학교에서 돌아온 아이를 붙잡고 이야기하기 시작했다. 시계는 꺼내놓지도 않았다.
"1부터 10까지 세어보자. 1, 2, 3…10, 그다음은 뭐지?"
"11." 아이가 답했다.
"그걸 계속 세면 어디서 끝자리가 다시 1로 돌아가지?"
"20."
"그래, 10까지 세고 11로 가고, 20까지 세고 21로 가고, 30까지 세고 31로 가고…. 열 번마다 다시 돌아가는 거지?"
"알아요."
"이걸 10진법이라고 하는 거야. 10마다 다시 돌아가자고 사람들끼리 약속을 한 거야. 약속, 약속 말이야."

아이가 눈을 크게 떴다. 다시 확인시켜주었다.

"10까지 세고 돌아가는 것은 원래 그런 것이 아니라 사람들이 그렇게 하기로 약속했기 때문이야. 손가락이 10개라 세기 편해서 그렇게 했다는 말도 있어. 어쨌든 우리가 그렇게 약속해서 이렇게 하는 건데, 약속하기에 따라 5까지 하고 돌아갈 수도 있고, 6까지 하고 돌아갈 수도 있어. 5까지 하면 5진법, 6까지 하면 6진법."

계속했다.

"그런데 시계는 굳이 말하면 10진법이 아니고 12진법이야. 12까지 갔다가 다시 돌아가는 거지. 왜 그런 줄 알아. 그냥 우리가 그렇게 읽기로 약속을 해왔기 때문이야. 무엇 때문에 그렇게 약속했을까? 그건 잘 몰라. 하지만 그렇게 하기로 약속이 되어 있고, 또 우리 모두 그 약속을 따르는 거지. 그래서 너도 그렇게 읽어주어야 해. 그리고 분침도 그래. 60까지 읽고 돌아가기로 약속을 했어. 그냥 약속을 그렇게 한 거야."

아이의 눈빛이 달라졌다. 바로 시계를 가져왔다.

"자, 이거 몇 시 몇 분이지. 이야기했지. 약속한 대로 읽는 거야."

"3시 15분."

"이거는?"

"7시 30분."

별 어려움 없이 읽어나갔다. 아이에게 말했다.

"그래, 그렇게 읽으면 돼. 하루도 마찬가지야. 24시간으로 하자고 약속했기 때문에 그렇게 하는 것이고, 이걸 밤과 낮 두 번으로 나눠서 12시간씩 돌리는 거야."

얼마나 힘들었을까? 아이는 왜 시침은 12단위가 되어야 하고, 분침은 왜 60단위가 되어야 하는지 이해할 수 없었던 거다. 100센티미터가 1미터가 되는 길이처럼 왜 10이나 100을 단위로 정리하지 않는지 이해할 수 없었던 거다. 그러니 아예 입을 닫아버린 것이다.

멀쩡한 아이를 바보 취급하거나 바보로 만들 뻔했다. 순간 식은땀이 흘렀다. 이와 비슷한 일이 얼마나 많았을까? 아이의 논리와 고민을 이해하지 못한 채 바보로 취급하거나 일방적으로 강요하고, 그래서 아이를 정말 바보 아닌 바보로 만들어버리는 경우들 말이다.

다음 날 내친 김에 시간과 관련된 숫자들이 어디서 나오는지를 설명해주었다. 1년은 지구가 태양을 한 바퀴 도는 시간, 한 달은 달이 지구를 한 바퀴 도는 시간, 일주일은 이런저런 천문 현상과 관계없이 종교적, 또 관습적으로 7일이 되었다는 사실 등 아이는 이 모든 것을 흥미롭게 들었다.

## 수의 기능과 의미

내친 김에 숫자와 관련된 이야기를 하나 더 하자. 우리는 흔히 숫자와 관련하여 '1+1=2'부터 가르친다. 심지어 사설 학원이나 일부 아동교육 프로그램에서는 덧셈, 뺄셈 카드를 만들어 아이들이 빨리 계산해서 답하게 하는 훈련까지 시킨다. 이것이 옳은가에 대한 시비는 감히 하지 않겠다. 내게 그만한 전문성이 없기 때문이다.

다만 우리 아이들에게는 그렇게 하고 싶지 않았다. 실제로 누군가의 권유로 계산을 빨리 하는 연습을 시켜본 적이 있다. 바로 그 덧셈, 뺄셈 카드 방식이었는데, 선생님이 덧셈, 뺄셈, 곱셈, 나눗셈 카드를 내 보이면 아이가 빨리 대답해야 하는 것이었다. 한두 주일 지켜보다 그만두게 했다. 아마도 상업고등학교 다니던 시절의 암산 훈련이 생각났기 때문이었을 것이다.

상업고등학교를 다니던 시절, 어쩔 수 없이 암산능력을 키워야 했다. 주산 때문이었다. 당시의 상업고등학교 학생들에게 더없이 중요한 과목이자 기능이었고, 그런 만큼 무조건 일정한 수준에 올라야 했다.

그런데 이 주산은 손가락만 빨리 움직여서 되는 것이 아니다. 잘

하려면 암산을 잘해야 한다. 예를 들어 한 자리 숫자 15개가 세로 한 줄로 서 있다고 하자. 숫자 하나하나를 주판에 놓으면, 주판알을 15번 움직여야 한다. 눈도 15번 숫자와 주판을 왔다 갔다 해야 한다. 그러나 5개씩을 암산으로 합쳐 이를 주판에 놓으면 어떻게 될까. 주판알은 3번만 움직이면 된다. 눈이 오가는 것도 3번, 손가락을 움직이는 것도 3번으로 계산은 그만큼 빨라질 수밖에 없다.

열심히 했다. 나중에는 덧셈이건 뺄셈이건 숫자 5개 정도는 보는 순간 합산이 되었다. 그 결과 2학년 때 주산 초단, 즉 유단자가 되었다. 한 자리 숫자가 아니라 7자리나 10자리 숫자, 즉 100만 단위나 10억 단위 숫자가 15줄 늘어선 문제도 같은 방식으로 주판알 움직이는 것을 최소화하면서 풀었다.

하지만 이게 내 인생에 어떤 도움이 되었을까? 수학을 잘 못하니 수리능력을 키운 것도 아닌 것 같고, 돈을 벌어 잘사는 것도 아니니 이재理財능력을 키운 것도 아닌 것 같다. 당시에 느꼈던 취업에 대한 기대감 하나, 그 외에는 아무것도 없었다. '왜 우리 아이들이 이런 것을 해야 하지?' 시키고 싶지 않았다.

오히려 이런 것보다는 수의 기능과 의미 등에 관해 아이들이 좀 더 알았으면 했다. 잘 아는 바와 같이 숫자는 '1반', '2반'처럼 구분

짓는 기능이 있는가 하면, 은행 창구의 '1번', '2번'처럼 순서를 나타내는 기능도 있다. 또 '1+1=2'에서처럼 많고 적음을 나타내기도 한다. 이러한 내용을 아이들이 잘 알고 있으면 세상과 숫자의 관계에 대해 폭넓은 이해를 할 수 있지 않을까?

　사실 작은아이를 미국 초등학교 1학년에 보내면서 깜짝 놀란 적이 있다. 각종 놀이와 프로젝트를 통해 바로 이런 것, 즉 숫자의 의미와 기능을 자연스럽게 알 수 있도록 하고 있었기 때문이다. 심지어 '0'이라는 것이 무게의 '0g'과 같이 절대적인 의미를 지니기도 하지만, 온도의 '0℃'와 같이 사람이 인위적으로 만든 것일 수도 있다는 것을 아이들이 알고 느끼게 하고 있었다.

　앞서 말한 것처럼 어느 것이 더 옳은 방법인지에 대해 말하고 싶지 않다. 그럴 자격도 없다. 하지만 '1+1=2'라는 수의 양적 개념과 기능만 가르칠 이유가 있을까? 그것도 빠르게 계산하는 능력 위주로? 아니라 생각했고, 실제로 그렇게 하지 않았다. 아이들에게 얼마나 큰 도움이 되었는지는 알 수 없지만 그 균형을 잡아주는 것이 중요하다고 생각했다.

# 공부,
## 그 '자율'과 '억압'의 사이에서

,

### "공부 못하면 맞아야 돼요?"

"아빠, 공부 못하는 게 나쁜 짓 하는 거예요?"

초등학교 2학년 큰아이가 몹시 분한 표정으로 물어왔다.

"아니, 나쁜 짓 하는 건 아니지."

그러자 바로 눈물을 펑 쏟는다.

"선생님이 산수 문제 두 개 틀렸다고 때렸어. 나쁜 짓 한 것도 아
닌데 왜 때리는 거야."

위로 겸 설명을 했다.

"선생님이 잘못했네. 하지만 선생님 잘못만은 아니야. 모두들 공
부를 잘해야 한다고 하고, 선생님 또한 공부를 잘하게 하는 게 의무

라고 생각하거든. 그렇게 하면 더 잘할 수 있을 거라 생각하신 모양
인데, 네가 이해해줘. 너만 맞은 게 아니지? 틀린 아이들 다 맞았지?
선생님 나름 규칙을 가지고 공정하게 했을 거야."

"그래도 그러면 안 되지. 나쁜 짓도 안 했는데 왜 때려. 아빠가 우
리 때리지 말라고 해."

"그래, 기회가 있으면 그렇게 할게. 하지만 맞는 것도 배우는 거
야. 맞고 억울해하면서 나는 커서 그렇게 하지 않겠다, 생각하는
거지."


눈물을 훔친 아이가 또 묻는다.

"아빠도 나 공부 잘하길 원해."

"그럼. 잘하면 좋지. 왜냐? 공부를 잘하면 네가 하고 싶은 일을 잘
하게 될 가능성이 커지기 때문이야. 예를 들어 옷 디자인을 하고 싶
다고 해봐. 공부를 잘하면 가고 싶은 학교에 가서 잘 배울 수 있잖
아. 또 영어 공부를 열심히 해서 영어를 잘하게 되면 영어로 된 디자
인 책도 읽을 수 있고…. 엄마 아빠는 너희들이 하고 싶은 일을 잘할
수 있기를 바라. 그래서 공부를 잘했으면 하는 거지."

"그래도 아빠는 시험문제 몇 개 틀렸다고 뭐라고 안 하잖아."

"억지로 잘하게 만들고 싶지 않아서 그래. 뭐든 정말 잘하려면 억
지로 해서는 안 되거든. 또 학교 공부가 전부가 아니거든. 학교 이외
에서 배워야 할 게 더 많은데, 학교 공부에 너무 열중하다 보면 그런

걸 놓칠 수도 있어. 그리고 너희들을 믿기 때문이야. 지금이든 나중
이든 너희들 스스로 잘하게 될 거야."

아이들 성적이 왜 신경 쓰이지 않겠나. 좋은 대학을 가지 못하면
인생이 험해지는 이 엄청난 학벌사회에서 어느 부모가 감히 아이들
이 공부 잘하고 못하고에 둔감해질 수 있겠는가. 그러나 우리 부부
는 아이들에게 그러지 않은 척하고 살았다. '공부하라'는 말을 하지
않았고 '성적이 이래서 되겠느냐'는 말도 하지 않았다.

군이 이야기하자면 딱 한 번 그런 일이 있었다. 작은아이가 중학
교 3학년이었을 때, 친구가 좋아 밖으로만 도는 아이를 향해 "네 인
생이 어떻게 될 것인지 상상해보았느냐"라고 고함을 지른 적이 있
었다. 아이는 충격을 받은 것 같았다. 그 뒤 책상 앞에 앉은 모습을
자주 보게 되었다. 하지만 지금까지도 그때의 민망함이 가슴에 남
아 있다.

이 일 말고는 공부를 가지고 아이들을 억압한 적은 없었다. 심지
어 큰아이가 중학교를 다닐 때 수학 성적이 좋지 않아 잠시 열반劣班
에 배치된 적이 있었다. 솔직히 충격적이었다. 특히 주변에 공부 잘
하는 사람들이 많은 아내의 충격은 말할 수도 없었다. 하지만 그때
에도 우리 부부는 불편한 표정을 짓지 않았다.

"좀 못하면 어때. 괜찮아. 알지? 아빠도 어릴 때 공부 못했던 거."

아이의 기를 살리는 게 우선이었다.

'부모는 언제나 돌아갈 수 있는 고향 같아야 한다.' 그게 우리 부부의 믿음이었다. 아이가 잘하면 아이와 같이 들뜨고, 아이가 조금 못하면 아이보다 먼저 가라앉는 모습을 보여서는 안 된다고 생각했다. 잘해서 들뜨면 조금 내려앉혀주고, 못해서 가라앉으면 다시 일으켜 세워주고, 그래서 잘할 때나 못할 때나 언제든 돌아와 기댈 수있는 마음의 고향 같은 존재가 되었으면 했다.

사실 많은 부모가 이와 반대로 한다. 아이가 잘하면 같이 좋아했다가 아이가 못하면 같이 가라앉아 버린다. 꼭 그렇게 하겠다고 해서 그러는 것이 아니라 감정이 흐르는 대로 가다 보면 자신도 모르게 그렇게 해버린다.

그러면서 그렇게 하는 것이 옳다고 말하기도 한다. 즉 부모의 입장이 어떤지 확실히 보여주어야 아이도 그만큼 공부에 신경을 쓰게된다는 것이다. 그래서 잘하면 용돈을 주거나 아이가 좋아하는 음식을 사주기도 하고, 못하면 어찌 이 모양이냐 나무라기도 한다. 아이들도 그렇다. 이렇게 하면 대부분 자세가 나아지기도 하고 성적이 올라가기도 한다.

하지만 이렇게 물어보는 것은 어떨까? 부모의 이러한 태도가 아이에게 얼마나 큰 압박이 될까? 그렇지 않아도 학교를 비롯해 주변 모두가 공부 이야기만 하는 세상이다. 부모까지 꼭 이런 압박에 가세해야 할까? 성적이 떨어지는 상황에 부모마저 피신처가 되지 못할 때 아이는 어디에 마음을 둘 수 있을까?

그리고 변화가 심한 사회 아닌가? 이 변화를 따라가자면, 또 그 변화 속에서 생존하려면 무엇을 공부하든 평생을 습관처럼 공부해야 한다. 비교적 단순한 노동에 종사하는 사람조차도 새로운 기계와 시스템에 적응하는 지식노동자가 되어야 하는 세상이기 때문이다. 어릴 적에 심한 압박을 받아가며 한 공부가 평생의 습관이 될 수 있을까?

## 모범생?

우리 부부는 오히려 아이들이 공부 때문에 과도한 심리적 압박을 받을까 걱정했다. 일화를 하나 소개하자. 별일 아닌 것 같아 보이지만 아빠인 나로서는 적지 않게 걱정하고 고민했던 일이다.

작은아이가 막 초등학교 2학년이 되었을 때의 일이다. 아이는 집에 들어오기가 무섭게 숙제부터 했다. 숙제를 다 한 후에야 집에서 놀거나 밖으로 나가곤 했다. 하루 이틀이 아니라 계속 그렇게 했다. 그것뿐만이 아니다. 아침에 학교에 갈 때도 행여 늦을까 발을 동동 굴렀다.

누가 봐도 모범생이었다. 많은 부모가 자신들의 아이도 저랬으면 했을 것이다. 하지만 우리 눈에는 그렇게 보이지 않았다.

'아이는 학교에 가기 싫을 때도 있어야 하고, 숙제보다는 노는 게 먼저일 때가 더 많아야 한다. 틀림없이 학교에 무슨 일이 있다. 그렇지 않고서야 어떻게 아이가 아이답지 않은 행동을 할까.'

아이와 이야기를 해보았다. 선생님 이야기, 친구 이야기 등. 그러다 느낀 것이 있었다. 담임선생님을 무서워하는 것이었다. 선생님이 무서우니 행여 혼이 날까 봐 그렇게 하는 것이었다. 선생님에 대한 두려움과 공포가 필요 이상의 무게로 아이를 누르며 일종의 강박증을 만들어내고 있었다.

선생님을 무서워하게 된 이유를 하나하나 짚어보았다. 우선 선생님이 질서와 규율을 잡기 위해 조금 과도하게 이야기한 부분이 있었고, 아이가 이를 예민하게 받아들인 듯했다. 또 어딘가 엄격해 보였던 선생님의 태도, 행동, 표정도 영향을 끼친 것 같았다.

미국의 꽤 괜찮은 동네에서 초등학교 1학년을 다닌 것도 원인이 된 것 같았다. 미국에서는 한 학급에 학생이 15명, 담임선생님이 둘, 게다가 학부모 자원봉사인 클래스 맘class mom까지 있었다. 아이들 한 명 한 명에 대한 관심과 애정이 클 수밖에 없었다. 그러나 한국 학교의 상황은 다를 수밖에 없다. 선생님의 관심은 적고, 또 그런 만큼 엄격해 보일 수밖에 없었을 것이다.

선생님의 말씀과 행동 하나하나를 짚어가며 오해를 풀어주었다. 미국 학교와 한국 학교의 차이점, 그리고 심지어 법과 제도까지 들어가며 선생님은 아이들을 아끼고 보호하는 존재이며, 어떤 경우에도 아이들에게 해를 끼치지 않는다는 점을 확인시켜주었다.

설득이 되어서일까. 그 뒤 아이는 조금씩 달라졌다. 학교에 가기 싫은 표정을 짓기도 하고, 숙제를 미루고 미루다 황급히 하는 모습도 보였다. 다른 사람들 눈에는 이것이 '비정상'으로 보일 수도 있었겠지만, 우리 부부의 눈에는 이런 행동들이야말로 '정상'이었다.

## 남에게 권하지 않는 이유

하지만 우리 부부가 한 이런 일들, 즉 공부를 강요하지 않는 것을 다른 사람들에게 함부로 권유하지 않는다. 나의 직업이 교수라는 사실 등 다른 사람들과 다른 여러 가지 요인이나 변수가 있기 때문에 가능했을 수도 있기 때문이다.

이를테면 공부를 강요하지 않아도 되는 환경적 요인이 있었다고 할 수도 있다. 나는 직업이 교수여서 늘 책상에 앉아 있었고, 아내도 뭘 배우고 읽는 것을 좋아해 책을 가까이 했다. 아이들 눈에는 글을 읽고 쓰고, 또 책상 앞에 앉아 있는 것이 누구나 다 그렇게 하는, 또 그렇게 해야 하는 일종의 일상으로 보였을 것이다.

이 책의 다른 부분에서 좀 더 자세히 이야기하겠지만 아이들과 대화도 비교적 많이 했다. 주변에서 일어나는 흥미로운 일이나 의미 있는 일들에 대해 그 원인과 배경, 그리고 과정을 이야기하는 경우가 많았다. 그리고 그 과정에서 재미있고 다양한 시각과 논리들이 이야기되기도 했다. 이것도 공부라면 큰 공부였다.

그리고 또 하나, 때로 아이들과 같이 공부하는 것이다. 특히 미국과 일본에 있을 때 많이 그렇게 했다. '공부하라' 하면서 정작 부모는 아무것도 하지 않는 것이 아니라, 아이들과 함께 숙제도 하고 단어도 찾는 것이다. 그러다 보면 많은 부분, 공부는 부모와 같이 하는 일종의 놀이가 된다. 아이 입장에서는 부모가 어려움을 분담해준다는 점에 고마움을 느끼기도 한다.

이 모든 것이 내가 교수이고, 일정을 스스로 통제할 수 있는 상황이어서 가능한 일이었다. 직장생활을 하거나 사업에 바쁜 보통의 부모들이 이런 일을 할 수 있을까?

실제로 한국은 노동시간만 봐도 세계에서 가장 긴 나라 중 하나다. 여기에다 출퇴근 시간 또한 세계에서 몇 번째로 길고 험하다. 아이와 함께 지낼 시간이 얼마나 있고, 아이들 스스로 공부하는 환경을 조성할 수 있는 여력이 얼마나 있겠는가.

그래서 공부를 강요하지 말라는 이야기를 함부로 하지 않는다. 내가 할 수 있는 일이라고 하여 다른 사람 모두가 할 수 있는 일이 아니기 때문이다. 부모가 돌봐줄 수 없는 상황에서, 또 아이들 스스로 공부하는 환경이 갖춰지지 않은 상황에서 '공부하라'는 소리조차 하지 않으면 엉뚱한 결과가 일어날 수도 있다.

그러나 여전히 하고 싶은 말이 있다. 아무리 바빠도 방법이 없지는 않다는 사실이다. 하다못해 부모가 연속극을 보는 대신 명품 강의를 시청하는 모습만 보여도, 또 신문의 칼럼이나 사설을 읽는 모습을 보이거나, 아이들이 관심을 가질 만한 주제에 관한 책을 읽고 조리 있게 설명해주는 모습만 보여도 아이들의 태도는 달라질 수 있다.

# 공부

,

"엄마, 내가 성적 오른 거 알아?"

"그래?"

"엄만 내 성적 몰라?"

"자세히 안 봤어."

강남에 살던 때, 교육열 높은 동네 한가운데 사는 엄마와 딸의 대화는 이랬다. 실제로 엄마 아빠는 내 성적에 큰 관심이 없는 듯했다. 그러니 늘 못하던 수학 성적이 간당간당하더니 결국 열반에 들어가야 하는 수준이 되고 말았다. 그러고도 엄마와 딸의 대화는 늘 이랬다.

"나 성적 오르면 뭐 해줄래?"

"그런 것 바라고 공부할 거면 하지 마."

엄마 아빠가 속으론 이 걱정 저 걱정 하셨다는 건 정말 다 커서 알게 되었다. 우리 눈에는 그저 아이들의 공부에는 그리 큰 관심이 없는, 그냥 딸들을 사랑하는 부모였다.

　그러면서도 늘 공부하는 모습을 보여주셨다. 그냥 하는 것이 아니라 즐기는 것 같았다. 한번은 아빠에게 사회책을 가지고 가 공부하는 걸 좀 도와달라고 했다. 아빠가 소리 내어 읽으며 말했다.
　"야, 이것 재미있네. 다음 장엔 이런 이야기가 나오지 않을까? 그래, 맞아. 아빠가 맞혔네."
　공부를 가르치시는 건지, 그저 재미난 책을 읽으시는 건지 알 수가 없었다. 듣고 있던 나도 덩달아 재미가 났고, 그러면서 스스로 책을 잡게 되었다.

　물론 성적은 그 이후로도 오르락내리락 했다. 공부보다 더 재미난 일이 있으면 미련 없이 공부를 접었으니까. 그래도 공부가 그리 싫지 않았다. 억지로 해야 한다는 생각도 하지 않았다. 가끔씩 신이 나면 열심히 했고, 그러면 만족스러운 성적이 나오곤 했다.

　대학에 진학해서는 공부가 재미있어졌다. 지금도 마찬가지다. 하고 싶은 공부를 하는 것만큼 행복한 일은 없을 것 같다. 잘해서도 아니고, 잘할 것 같아서도 아니다. 그냥 묻고 싶고, 알고 싶고, 답하고 싶은 게 많아서 그렇다. 결과가 어떻든 그 과정은 행복할 것 같다.

동생은 조금 달랐다. 가장 예민한 시기에 일본어 한마디 못하는 상황에서 일본에 갔고, 무시당하지 않기 위해 공부해야 했다. 집단 괴롭힘까지 당하자, 싫건 좋건 더 열심히 하려 했던 것 같다. 또 그림 공부와 디자인 공부를 하고 싶었지만 아빠의 만류로 이 또한 포기하고, 일반 학과를 가기 위해 공부해야 했다. 신이 날 리가 없는 공부를 해야 했다는 말이다.

그럼에도 불구하고 동생에게도 공부는 그렇게 부자연스러운 것이 아니었다. 엄마 아빠를 비롯해 누구도 강요하지 않았고, 과외나 학원 등의 조력도 거의 받지 않았다. 때때로 공부하기 싫다고 외치면서도 그저 혼자서 묵묵히 해나갈 정도로 자연스러웠다.

# '멘탈 갑'

,

고등학교 시절, 모의고사 성적표가 나올 때마다 교실은 아이들의 탄식과 두려움으로 가득 찼다. 성적이 잘 나와 집으로 가는 발걸음이 가벼운 친구들도 있었지만, 그렇지 않은 친구들은 엄마 아빠로부터 혼이 날 것을 두려워했다.

나는 그런 풍경에서 항상 한 걸음씩 떨어져 있었다. 당시 나의 별명은 '멘탈 갑', 성적이 좋건 나쁘건 간에 크게 들떠하지도 가라앉지도 않았다. 친구들이 어떻게 그렇게 초연할 수 있느냐고 묻곤 했는데, 다른 이유는 없었다. 성적표에 민감한 반응을 보이지 않는 엄마 아빠 때문이었다. 내가 성적표를 내놓기 전에 먼저 보여달라는 경우도 없었던 것 같다.

그때는 어린 마음에 부모님의 그런 무관심이 그저 다행이라고만 생각했다. 한참 시간이 흐른 뒤에야 내가 일희일비하며 쫓기게 될까 봐 걱정하신 것인 줄 알게 되었다. 궁금하고 신경 쓰이고, 그래서 간섭하고 싶은 당신들의 마음을 잘 다스리고 누르셨던 것이다.

　사실 우리 집에서는 학교 공부만 중요한 것이 아니었다. 아빠는 항상 학교보다 넓은 세상을 보길 바라셨고, 그래서 그런지 학교 공부 외의 다른 것에 더 큰 관심을 가져도 그냥 내버려두셨다. 그러다 자연스럽게 자기 길을 찾게 되고, 또 수학修學에 열중할 것이라 믿으셨던 것 같다. 그 덕분에 다른 친구들에 비해 성취 욕구와 목표의식, 그리고 자기 생각이 이 더 강했던 것 아닌가 생각한다.

# 영어 한마디 못하는 아이들
# 미국 학교 보내기

,

## 듣기와 말하기

나는 경상도 사람이다. 대학을 졸업할 때까지 줄곧 대구·경북지역에서 살았다. 당연히 다른 경상도 사람들과 마찬가지로 발음에 문제가 있다. '으' 발음을 잘 못하고, '예, 애' 등 복모음의 발음을 잘하지 못한다. 어느 대통령이 우리말 발음을 잘 못해 가십거리가 되곤 했던 것이 남의 일이 아니다.

별의별 에피소드가 다 있었다. 학기 초, 첫 출석을 부른 뒤 대답이 없어 결석 처리를 해놓고 나면 한두 명이 왜 자신의 이름이 없느냐고 묻는다. 이를테면 '김승현'을 '김성현'으로, '이혜영'을 '이해영' 등으로 발음했기 때문이다. 학생들에게 말한다.

"바로 발음하기 위해 노력하겠지만 다음 시간부터는 혹시 김성현, 이해영이라 불러도 대답하는 거야. 알았지."

고치면 되지 않느냐 하지만 그게 쉽지 않다. 오죽하면 이 나이가 되도록 고치지 못하고 있겠는가. 그러면 왜 못 고치느냐고? 이상하게 생각될지 모르겠지만 들리지 않기 때문이다. '으'와 '어'가 구별되어 들리고 '예'와 '애'가 구별되어 들리면 왜 이를 발음하지 못하겠는가. 혀가 잘못된 것도 아니고, 성대가 잘못된 것도 아닌데 말이다. 쉽게 구별할 만큼 들리지 않으니 흉내 내는 것조차 어려워지는 것이다.

정말 들리지 않느냐고? 최소한 내 경우에는 그렇다. 어릴 적, 청각이 발달하는 과정에서 이를 들은 적이 없기 때문이다. 답답한 마음에 성우들이 말하는 것을 반복해서 들어보기도 했다. 물론 나이 들어서의 이야기다. 한참을 듣다 보면 조금 구별이 되는 것 같기도 했다. 그러나 얼마간 시간이 지나면 다시 예전의 상태로 돌아가버린다.

영어도 마찬가지다. 대부분의 한국인이 'R'과 'L'을 제대로 구별하지 못한다. 'G', 'J', 'Z'도 그렇고, 'F', 'P', 'V'도 그렇다. 에피소드를 하나 이야기하면, 미국 유학시절 중고차를 하나 샀는데 번호판에 '4'자가 포함되어 있었다. 여기저기서 차량 번호를 말해야 하는 경우가 있었는데, 그때마다 'what(뭐)?', 'come again(다시 말해주세요)' 한다. 나는 애써 'four'라고 하는데 상대방이 듣는 건 'po' 정도였던 것이다. 손가락 네 개를 내보이거나, 'one two three four…. f, o, u, r'라고 해야 고개를 끄덕인다.

때로 못된 사람들은 빤히 짐작하면서도 몇 번을 묻는다. 그러고서도 "I still don't hear you(뭐라 그러는지 모르겠네)" 하며 종이에 써보라 한다. 놀려 먹거나 무안을 주자는 뜻이었을 게다. 그야말로 '4' 자 'phobia(공포증)'에 걸릴 판이었다.

왜 이런 고생을 했을까? 우리말과 우리글에 없는 차이라 이를 잘 구별하여 듣지 못하기 때문이다. 특히 경상도 사람들은 영어의 자음뿐만 아니라 모음에도 많은 어려움을 겪는다. 복모음을 잘 사용하지 않는 등 평소 사용하는 모음의 범위가 좁기 때문이다. 그만큼 복모음을 사용하는 영어 발음을 잘 듣지도, 말하지도 못한다.

짐작하겠지만 일본 사람들은 경상도 사람보다 더하다. 글자와 말에 있어 자음과 모음의 다양성이 떨어지는 데다 우리말로 치면 받침이 있는 글과 말을 잘 사용하지 않는다. 때문에 영어 발음을 제대로 듣고, 제대로 발음하기가 쉽지 않은 것이다. 영어에 있어 일본 사람이 우리보다 훨씬 더 큰 어려움을 겪는 이유다.

이런 점에서 영어 조기교육은 일정 부분 필요하다. 다른 이유에서 가 아니다. 아이들의 귀를 열어주기 위해서다. 어릴 때 듣지 못하면 커서도 잘 듣지 못한다. 특히 글자에 익숙해지면 그 글자가 만들어 내는 소리 이외의 것을 듣기도 말하기도 어려워진다. 'hotel'을 'ホ テル(호테루)'라고 쓸 수밖에 없는 일본 사람들 상당수가 'hotel'을 그렇게 듣고 그렇게 말한다.

잘 듣게 하는 방법은 여러 가지일 것이다. 발음 좋은 원어민 선생 님의 이야기를 많이 듣게 하든, 영어 노래를 정확한 발음으로 따라 부르게 하든, 아니면 부모가 '햄버거hamburger' 하나를 말하더라도 중 간과 뒤의 'R' 발음을 살려서 말하든 말이다.

하지만 그 이상의 영어 조기교육이 필요할까? 함부로 할 이야기 는 아니지만 우리말을 모국어 내지는 1차 언어로 하는 사람으로서, 우리말을 잘 못하면서 영어를 잘하는 경우를 거의 보지 못했다. 인 사하고, 길 안내하고, 식당에서 밥 먹는 정도의 우리말이나 영어가 아니라, 상담하고 가르치고 논쟁하고 협상하는 수준의 우리말과 영 어 말이다. 무슨 말인가? 우리말을 바로 하게 하는 것이 우선이라는 말이다.

# 미국으로 간 아이들

우리 아이들의 경우 영어교육을 특별히 하지 않았다. 우리말 능력이 한참 자랄 때에 이 나라 말, 저 나라 말을 섞어 가르치는 것이 뭐 그리 큰 도움이 되겠느냐는 생각에서였다. 그저 우리말과 다른 영어 발음에 귀나 열려 있었으면 했다.

그러다 1992년 8월, 미국에서 1년의 안식년을 보내게 되었다. 선배 교수가 순서를 바꾸자고 하는 바람에 갑자기 가게 된 안식년이었다. 급하게 유학을 갔던 델라웨어 대학으로부터 초청장을 받아 곧바로 온 식구가 미국행 비행기에 올랐다. 재정적 형편도 조금 나아진 상황이었고, 아이들과 함께 있는 것이 중요하다는 생각에 아내 역시 직장을 그만두고 동행했다.

당시 큰아이는 만 8살로 초등학교 2학년 1학기를 마친 상태였고, 작은아이는 만 6살로 유치원을 다니고 있었다. 이 아이들을 각각 미국 초등학교 3학년과 1학년으로 보냈다. 미국 학교는 9월에 새 학년이 시작되니, 정확하게 말해 한 학기씩을 올려 보낸 셈이었다. 올려서 보낸 이유는 하나였다. 한국에 돌아왔을 때 아무런 시비 없이 같이 공부했던 친구들이 속한 학년으로 돌아갈 수 있게 하기 위해서였다.

아이들은 알파벳 몇 개 정도만 알 뿐, 영어는 단 한마디도 못하는 상태였다. 학교에 처음 가는 날, 아이들에게 단어 하나만 숙지시켰다. '배스룸bathroom', 수업시간에 소변이나 대변이 마려우면 손을 들고 선생님에게 그렇게 말하라고 했다. 다른 것은 몰라도 생리현상을 잘못 처리해 창피를 당하는 일은 없어야 했기 때문이다. 그렇게 되면 아이는 1년 내내 주눅이 들 것이라 생각했다.

아이들을 수업에 들여보낸 후 우리 부부는 하루 종일 숨어서 아이들이 어떻게 하는지를 멀리서, 또 가까이서 살폈다. 들리지도 않을 선생님의 말씀에 귀 기울이는 모습이나, 친구들이 말을 걸어오는데도 아무 말도 못하고 있는 모습이 안쓰러웠다. 아이들을 이 힘든 환경에 집어넣는 게 과연 옳은 일인가 후회가 되기도 했다.

그러다 한 가지 흥미로운 일이 있었다. 첫째 시간과 둘째 시간 사이의 일이다. 작은아이가 다른 아이들과 함께 손을 들더니 다른 아이들과 함께 교실 밖으로 나와 화장실을 가는 것이었다. 선생님이 화장실 가고 싶은 사람은 손을 들라고 했는데, 작은아이가 이를 느낌으로 알아차리고는 손을 든 것이다.

관문 하나를 통과했다는 기분이 들었다. 하지만 또 다른 무슨 일이 일어날지 알 수 없었다. 학교의 허가를 얻어 며칠 더 아이들을 관

찰했다. 약 한 달 가까이 아이들 몰래 스쿨버스 뒤를 따라다니기도
했다. 지금처럼 휴대폰이 있는 시절도 아니었다. 행여 엉뚱한 곳에
라도 내리면 큰일이었기 때문이었다.

큰아이보다도 작은아이가 걱정이었다. 만 6살, 안전하고 편안한
환경이 절대적으로 필요한 시기였기 때문이었다. 아닌 게 아니라
수시로 말썽이 일었다. 말이 통하지 않으니 다른 아이들이 접근해
오는 것을 꺼렸고, 심지어 말을 붙여오면 물리적으로 밀어제치는
일도 있었다. 또 그럴수록 아이들에게 따돌림을 당하는 것 같았다.
너무나 고맙게도 선생님들은 이런 일들을 하나하나 매일같이 적어
서 우리 부부에게 보내주었다.

학교에 다닌 지 한 달이 조금 넘었을 때였다. 작은아이 선생님으
로부터 연락이 왔다. 아이가 통곡을 하듯 우는데 이유를 알 수 없
다는 것이었다. 부리나케 학교로 달려갔다. 선생님이 이제 그 이유
를 알았다며 설명해주었다. 누군가 둘째 아이의 도시락, 즉 런치 백
lunch bag을 숨겼는데, 찾아주고 나니 울음을 그쳤다고 했다.

선생님께 도시락 잃어버린 것을 어떻게 알게 되었느냐고 물었다.
선생님 말씀이 큰아이를 데려와 작은아이를 만나게 했더니, 큰아
이가 'She forgot lunch bag'이라고 하더란다. 'forgot'이 아니라

'lost'가 맞는 표현이고, 'lunch bag' 앞에 소유격 'her'가 붙어야 했다. 하지만 이게 어딘가. '우리 아이들이 영어를 하기 시작했다.' 안쓰러운 가운데 큰 빛을 보는 것 같았다.

그날부터 큰아이에게 영어를 가르치기 시작했다. 달리 무슨 특별한 일을 한 게 아니었다. 한 줄 두 줄, 같이 일기를 썼다. 학교 숙제였으나 이제껏 하지 않고 있던 것이었다. 우리말로 아이가 하고 싶은 이야기를 하게 하고, 이를 다시 영어로 말하게 하고, 그것을 다시 문장으로 쓰게 했다.

일주일에 한 번쯤 글짓기 숙제가 나왔는데, 이것도 같이 했다. 지금도 기억하는 첫 글짓기, 그 제목은 '나는 과거로 날았다I flied to the past'였다. 한국에서 출발해서 미국의 첫 기착지인 로스앤젤레스에 왔는데, 이때의 미국 시간이 출발할 때의 한국 시간보다 오히려 뒤에 있더라는 이야기였다. 선생님이 너무 좋아하셨고, 이에 아이도 한껏 고무되었다.

큰아이가 차츰 영어를 쓰게 되자 작은아이도 이를 따라 했다. 우리 부부도 아이들 앞에서는 영어를 했다. 아이들의 영어 실력이 하루가 다르게 늘어나더니 미국생활 4~5개월쯤 되어서부터 아이들은 영어만 쓰기 시작했다. 그러면서 때로 우리 부부가 하는 영어를 두고 두 자매가 속닥거리는가 하면 깔깔거리고 웃기도 했다. '김치 냄새'가 나는 발음이라는 이야기였을 것이다.


## "아빠, 우리 미국에서 살면 안 돼?"

학교생활도 잘 적응했다. 특히 큰아이는 학교와 친구들이 좋아 귀국하지 말고 미국에 살자고 떼를 쓸 정도로 적응을 잘했다. 성적도 갈수록 좋아졌다. 당시 이 학교에서는 미국의 국어, 즉 영어를 다섯 개 정도의 우열반을 편성하여 가르치고 있었다. 귀국을 앞둔 시점에서는 중간 반의 최상급 수준으로, 다음 학기에는 위에서 두 번째 반으로 가게 될 정도가 되었다.

사회와 과학 등 다른 과목들도 좋아했다. 선생님들이 개별적으로 숙제를 주었는데, 숙제를 잘 해오는 아이들에게는 좀 더 많은 숙제를 내주곤 했다. 큰아이는 이 숙제들을 빠짐없이 해갔고, 그러면 그럴수록 숙제의 양은 더 많아졌다. 숙제가 많은 것은 곧 그만큼 잘 따라가고 있다는 뜻이기도 했다.

적지 않은 숙제가 부모의 도움을 필요로 하는 것이었다. 부모와 같이 가까운 박물관에 가 역사적 자료들을 보고 오거나, 밖에서 식물이

나 광물 등을 찾아서 관찰하는 것이었다. 도리 없이 내가 주로 아이를 데리고 다녔다. 그 덕에 지금도 돌에는 igneous rock(화성암)과 metamorphic rock(변성암), 그리고 sedimentary rock(퇴적암)이 있다는 것 등 아이의 교과서에 있는 많은 것을 기억하고 있다.

작은아이는 언니보다는 적응이 힘들었다. 그러나 비교적 잘 놀고 잘 어울렸다. 무엇보다 언니가 학교를 좋아하니 자신도 좋은 점을 찾아가는 것 같았다. 언니가 쉽게 닿을 거리에 있다는 것이, 또 언니와 언니의 미국 친구들이 잘 돌봐주는 것이 큰 힘이 되는 것 같았다.

3학년의 언니와 달리 공부가 어려운 것은 없었다. 미국 초등학교의 특성상 1학년은 그저 건강하게 잘 놀면 되었다. 숙제가 많은 것도 아니고, 우열반이 있어 공부를 걱정할 필요도 없었다. 공룡dinosaur 프로젝트와 애벌레caterpillar 프로젝트 등 공부도 놀이처럼 했다. 힘든 것이 별로 없었다.

아이들의 생일이 마침 7월과 8월이라, 미국을 떠나기 전에 학교 친구들을 불러 생일파티를 해주었다. 친구들과 너무나 즐겁게 어울리는 모습을 보았다. 1년 전 영어 한마디 못하는 아이들을 교실로 들여보내던 때가 생각났다. 그 어려운 상황을 넘어 저런 모습을 보이다니, 반갑고도 미안했다.

아이들을 놓고 보면 미국 체류는 성공적이었다. 한국에서 영어를 제법 배우고 온 아이들 중에서도 1년이 지나도록 말문을 열지 못한 채, 한국 아이들과만 어울리는 경우가 없지 않다. 그에 비하면 우리 아이들의 경우는 정말 다행이었다. 학교 내에 한국 학생이 없었다는 점, 그래서 미국 친구들과 어울릴 수밖에 없었다는 것도 영어를 익히는 데 도움이 된 것 같았다.

귀국 준비를 하고 있을 때 큰아이가 제법 무거운 표정으로 말했다. 미국을 떠나기 싫다고. 학교도 선생님도, 그리고 친구들도 너무 좋고, 동생도 같은 생각이니 한국으로 돌아가지 말고 미국에서 살자고. 아빠도 미국에서 교수하면 되지 않느냐고 말했다.

딸들에게 말했다. 반드시 돌아가야 하고, 그래서 선택의 여지가 없다고, 아빠는 한국에서 해야 될 일이 있고, 또 꿈이 있다고. 그러자 큰아이가 말했다. "Daddy, Can't you give up your dream for your daughters(아빠, 딸들을 위해 그 꿈을 포기하면 안 돼)?" 그렇게 좋았던 모양이었다.

지금도 생각해본다. 무엇이 우리 아이들을 그렇게 만들었을까? 아이들의 노력? 부모와 선생님들의 관심과 애정? 많은 요소가 영향을 미쳤을 것이다. 하지만 내 입장에서는 빼놓을 수 있는 것이 없다.

앞의 글들에서 이야기한 것처럼 글자보다는 언어에 더 신경을 쓰고, 형상이나 색깔, 소리 등으로 세상을 보고 느끼게 하고, 우리말에 없는 발음 등을 들을 수 있도록 한 것 등이 크든 작든 영향을 끼쳤을 것이다.

# 일본 학교,
# 그 무겁고 아픈 기억들

,

## 또 한 번의 모험

1999년 7월 다시 1년의 안식년을 보내게 되었다. 미국으로 갈까 하다가 가까운 일본으로 가기로 했다. 국내에 적지 않은 일들이 걸려 있어 자주 귀국을 해야 하는 데다, 일본 외무성 산하 국제교류재단과 일본의 명문 사학 게이오 대학慶應義塾으로부터 적지 않은 지원을 받게 되었기 때문이었다.

큰아이는 중학교 3학년, 작은아이는 중학교 1학년, 두 아이 모두에게 동경에 있는 외국인 학교에 다닐 것을 권했다. 영어를 할 수 있는 아이들이라 적응하는 데 큰 무리가 없을 것이라고 생각했다. 학교도 생각해두었다. 가톨릭 교단에서 운영하는 세이신聖心 국제학교

Sacred Heart International School, 일본의 명문 세이신聖心 여자대학교의 자매학교였다.

하지만 작은아이는 굳이 일본 중학교를 가겠다고 했다. 미국에 갔을 때와 마찬가지로 일본어는 단 한마디도 못하는 상태, 심지어 일본어 알파벳인 히라가나ひらがな와 가타카나カタカナ조차 제대로 익히지 못한 상태였다. 여러 번 설득했으나 소용이 없었다. 결국 일단 일본 중학교에 보낸 후 적응이 잘 안 되면 외국인 학교로 옮기기로 했다.

미국에서와 마찬가지로 한 학기를 올려 외국인 학교의 고1이 된 큰아이는 잘 적응해나갔다. 곧바로 다양한 국적의 친구들을 사귀었고, 수업과 예체능 활동도 즐겼다. 학교생활에 무리가 없다는 것이 얼굴 표정에 그대로 드러났다.

문제는 일본 중학교에 다니게 된 작은아이였다. 말 한마디 하지 못하는 아이가 학교에서 뭘 할 수 있었겠는가. 이래저래 놀림감이 되었고, 누군가가 도시락에 약을 뿌려놓는 등 집단 괴롭힘도 계속되었다. 상황이 좋지 않다는 것이 작은아이의 표정에 나타났다. 웃음이 사라졌고, 학교 가는 발걸음이 무거워보였다.

짐작하건대 영어를 하지 못하는 상태에서 간 초등학교 1학년 때의 미국 학교와는 전혀 다른 상황이었다. 미국 초등학교는 아이들이 어렸던 만큼 선생님들의 역할이 컸다. 친구를 사귀고 같이 노는 것까지도 선생님들이 신경을 써주었다. 그러나 일본에서의 상황은 전혀 달랐다. 이미 중학생이 된 아이들이었던 만큼 선생님의 역할에는 한계가 있을 수밖에 없었을 것이다.

더욱이 학교에 첫발을 디딘 것이 2학기 초, 반班이 편성되어 한 학기가 지난 시점이었다. 반 아이들 사이에 끼리끼리의 교우관계가 제법 단단히 형성되어 있었을 것이다. 말 한마디 하지도, 듣지도 못하는 아이가 끼어들 자리가 더욱 없었을 것이다.

사용하는 언어나 어휘의 수준도 미국에서의 초등학교 시절과는 달랐을 것이다. 미국 초등학교의 경우 아이들 모두 비교적 간단하고 단순한 언어를 사용했을 것이다. 그러나 일본에서는 중학교인 만큼 수업시간은 물론 일상적인 대화에서도 상당한 수준의 언어가 사용되었을 것이다. 우리 아이로서는 그만큼 습득하고 적응하기가 어려웠을 것이고.

얼마나 힘들었을까. 학기 중간에 다시 언니가 다니는 외국인 학교로 옮길 것을 권유해보았다. 그러자 아이는 오히려 한국인 학교에 갔으면 했다. 하지만 아무리 생각해도 그게 답은 아닌 것 같았다. 일본까지 와서 한국인 학교에 다닌다는 것도 좀 그러했지만, 통학 거리 등을 생각하면 이 또한 쉬운 일이 아니었다. 그것도 학기 중간, 교우관계 문제 등이 쉽게 풀린다는 보장도 없었다.

다시 아이를 설득했다. 외국인 학교를 다니는 게 어떻겠느냐고. 언니도 있고, 선생님들도 잘 보살펴주실 것이라고. 그러자 아이는 차라리 일본 학교를 그냥 다니겠다고 했다. 자신이 학교를 옮기게 되면 결국은 자신을 못살게 굴던 일본 아이들이 원하는 대로 되는 것인데, 이게 용납이 안 된다고 했다. 또 하나, 어차피 일본에 머무는 기간이 한 학기 남짓 남은 상황에서 다시 외국인 학교로 옮겨 외국인 아이들과 같이 지내기 위해 힘쓰고 싶지 않다고 했다.

## 무거운 발길, 무거운 가슴

이래저래 가슴이 아팠다. 하지만 어떻게 할 도리가 없어 보였다. 생각 끝에 공부를 도와주기로 했다. 아빠로서 할 수 있는 게 그것밖에 없어 보였다.

그날부터 일본의 국어, 즉 일본어 과목과 사회 과목 교과서 등에서 나오는 한자들을 모두 사전에서 찾아 읽는 방법과 뜻을 정리했다. 중요한 동사와 명사 등도 마찬가지로 하나하나 찾아 그 뜻을 정리했다. 사전 찾는 번거로움과 시간을 줄여주기 위해서였다. 그리고 그 교과서들을 아이와 함께 읽었다.

쉽지 않은 일이었다. 교과서에 나오는 한자의 양이 적지 않은 데다 중요한 동사와 명사까지 정리하자니 하루 평균 3~4시간이 걸렸다. 여기에 다시 아이와 함께 책을 읽어야 했다. 어떨 때는 사전을 찾느라 혼자 밤을 꼬박 새워야 했다. 내 일은 내 일대로 하며 부가적으로 이 일을 해야 했기 때문이었다.

시간이 가면서 일은 점점 줄어들었다. 아이의 일본어가 늘어갔고, 그러면서 정리해야 할 한자나 동사, 명사의 숫자가 줄어들었기 때문이다. 당연히 같이 책을 읽을 이유도 없어졌다. 그러기를 몇 달, 정말 예상치 않은 일이 생겼다. 아이가 사회 과목 시험에서 최고 성적을 거둔 것이다. 객관식 문제만 있는 시험이 아니었다. 주관식 문제가 포함된 시험이었다.

그러고 보니 아이의 일본어는 놀랍도록 성장해 있었다. 하지만 교우관계는 여전히 문제가 있어 보였다. 친한 일본인 친구가 없는 듯했다. 언어와 문화의 문제만이 아니라, 다른 민족에 대한 거부감 등도 작용하고 있는 것 같았다.

당연히 걱정도 많았다. 아이의 귀가가 조금만 늦어져도 무슨 일이 있나 학교로 달려갔다. 행여 아이의 눈에 뜨일세라 이리저리 몸을 숨겨가며 아이를 찾곤 했다. 부모가 이렇게까지 보호하는 것을 급우들에게 보여주고 싶어 하지 않을 것이란 생각에서였다. 늘 혼자 표정 없이 교문을 나서는 아이, 그리고 무거워 보이는 발길, 몰래 뒤따르는 내 마음도 무거웠다.

두 번째 학기에 접어들면서 아이에게 일본어 자격시험을 권했다. 일본어가 어느 정도 되는지 한번 알아보자는 뜻이었다. 일본어를 잘 못하는 부모 입장에서는 궁금하기도 한 부분이었다. 우선 2급 시험을 봤는데 합격했다. 그리고 얼마 가지 않아 최상급인 1급 시험을 봤다. 이 역시 합격했다. 그때서야 확신했다. 아이의 일본어가 상당한 단계에 도달했음을.

일본어가 일정 수준에 도달하면서 성적 또한 좋아졌다. 하지만 일본에서의 생활이 끝날 때까지 아이의 표정은 내내 어둡고 무거웠다. 때로 엄마 아빠에게도 공격적인 모습을 보이기도 했다. 학교생활이 힘들었고, 그러다 보니 일본에 데려온 엄마 아빠가 원망스러웠던 것이다. 외국인 학교에 다니는 언니와는 너무나 달랐다.

지금도 그때의 일들을 생각하면 가슴이 아프다. 아이에게 몹쓸 일을 한 것 같은 느낌이다. 미국에서 비교적 성공적인 경험에 깊은 고민 없이, 일본어 한마디 못하는 아이를 일본으로 데려간 것부터가 잘못이었는지 모른다. 일본 학교에 보낸 것, 한국인 학교에 보내지 않은 것도 잘못인지 모른다. 엄마 아빠에게도, 또 우리 둘째 아이에게도 아픈 기억들이다.

아내는 지금도 그때의 둘째 딸을 생각할 때면 눈에 눈물이 맺힌다. 그러면서도 그 끝은 늘 이렇다.

"그래, 그래. 장한 우리 딸, 잘 해냈어."

그렇다. 많은 것을 참으면서 끝까지 다녔다는 것, 그것도 무시당하지 않을 성적으로 떠날 수 있었다는 것에 위안을 얻는다. 아이를 키우는 과정에서 가장 어둡고 무거운 기분이 드는 부분 중 하나다.

# 아이 키우러
## 강북으로

,

### 탈 강남의 변辯

　서초구 잠원동에 살 때의 일이다. 초등학교 6학년 작은아이가 친구와 약속하는 것을 들었다. 약속 장소가 현대백화점 1층 어디였다. 아이에게 왜 그런 곳에서 만나느냐고 물었다. 아이가 오히려 새삼스럽게 왜 그러느냐는 듯 대답했다. "그냥…." 당혹스러웠다. 소비성 짙은 들뜬 문화에 노출될 대로 노출되어 있다는 생각이 들었다.

　그러고 보니 길에 나서면 온통 술집과 음식점, 그리고 커피숍이었다. 때로는 아이들이 절대 봐서는 안 되는 불건전한 명함들이 아파트 입구 길바닥에 마구잡이로 뿌려져 있기도 했다. 아이들 사이에서도 그랬다. 과외와 학원이 일상화되면서 스스로 무엇을 해보겠다는 생각이 약화되고 있는 것 같았고, 이런 분위기를 따라가지 않는 아이는 불안을 느끼게 되어 있는 것 같았다.

아무리 봐도 이건 아니었다. 이런 환경에서 아이들을 키우고 싶지 않았다. 아들 딸 구별하는 것은 아니지만, 딸 가진 부모 입장에서는 더욱 그랬다. 좋은 학원에 가지 못해 성적이 떨어지는 것이야 한 급 낮은 대학에 가면 되는 일이지만, 소비문화 등에 잘못 물든 아이들의 마음은 평생 바로잡기가 힘들 것이란 생각이 들었다.

그러던 차에 동료 교수 한 사람이 평창동에 빌라를 지을 계획인데 사전에 분양받을 생각이 없느냐고 물어왔다. 위치와 면적이 마음에 들었다. 게다가 일찍 계약을 하면 최우선의 선택권을 주겠다고 했다. 별 주저 없이 계약을 했다. 마침 1년간 일본의 게이오 대학慶應義塾으로 안식년을 가게 되어 있었는데, 돌아오면 집이 거의 다 지어지게 되어 있었다. 그야말로 안성맞춤이었다.

계약 후 아이들에게 설명을 했다. 우선, 강남의 생활환경이 그리 좋게 느껴지지 않는다고 했다. 산과 숲이 있고 하늘과 바람을 느낄 수 있는 곳으로 가자고 했다. 강남 쪽 학교가 좋고, 또 그 주변 학원도 좋지만, 긴 인생을 놓고 보았을 때 산이나 숲, 그리고 하늘과 바람만큼 좋은 학교와 선생님은 없을 것이라고 했다.

또 하나, 부모로서 가진 욕심을 있는 그대로 이야기했다. 아이들이 대학을 졸업할 때까지가 불과 7년에서 10년, 같이 살 시간이 길어봐야 10년 남짓이었다. 어찌 보면 우리 가족에게 있어 가장 소중한 시간이라고 할 수 있는데, 이 시간을 좀 더 넓은 공간과 좀 더 자연환경이 좋은 곳에서 서로를 느끼며 살고 싶다고 했다.

정말 그랬다. 곧 지나가 버릴 이 시간들, 이 시간들만큼은 다소 무리를 해서라도 그렇게 살고 싶었다. 눈을 뜨면 맞은편 아파트나 건물들이 아니라 하늘과 산이 보이는 집, 좋아하는 그림을 걸 만한 공간이 있는 집, 그리고 부엌 옆에 둔 간이 식탁에서 한 끼 때우듯 밥을 먹는 게 아니라 제대로 된 식탁에서 식사다운 식사를 할 수 있는 집. 그런 집에서 다시 오지 않을 이 소중한 시간을 보내고 싶었다.

## 팔불출?

가족 모두가 일본에 있는 동안 집이 지어졌고, 일본에서 귀국한 뒤 바로 평창동으로 이사했다. 2000년 9월이었다. 큰아이는 일본에서 외국인 학교를 다닌 덕에 외국어 고등학교로 전학을 했다. 물론 소정의 시험을 거친 후였다. 작은아이는 일본 중학교에서 동네 근처의 여자중학교로 전학을 했다.

남들은 아이들을 위해 강남으로 간다고 하는데, 우리는 아이들을 위해 강남을 빠져나온 셈이었다. 솔직히 아이들이 좋아할 일은 아니었다. 지금은 다소 달라졌지만 그때만 해도 그 흔한 프랜차이즈 햄버거 가게나 피자 가게 하나 없었다. 아파트촌이면 또래의 친구들이 많이 있겠지만, 단독주택이 많은 데다 나이 드신 분들이 많이 사는 지역이라 이 또한 그렇지가 않았다.

그러나 부모의 입장에서는 많은 부분이 좋아 보였다. 아이들은 거실에 나오면 북악산과 세검정을, 각자 방에 들어가면 북한산 봉우리들을 마주하게 되어 있었다. 늘 산과 하늘을 접하며 살 수 있었고, 계절에 따라 온 산을 덮는 꽃들과 푸른 녹음, 그리고 눈 덮인 산과 숲을 볼 수 있었다. 또 크고 좋은 미술관들이 바로 옆에 있어 수시로 좋은 작품들을 볼 수 있었다. 강남 아파트에서의 생활과는 크게 다른 생활이었다.

또 하나 빼놓을 수 없는 게 있었다. 익명성이 높은 아파트와 달리 입주자들이 서로 잘 알 수밖에 없는 빌라였다. 행동은 그만큼 조심스러워질 수밖에 없었다. 아이들은 알게 모르게 지역사회와 공동체 문화를 배우고, 그것이 가지는 무게 또한 느끼게 되었다. 하나의 예가 되겠지만, 강남에서는 동네 사람 누구를 봐도 인사하는 법이 없던 아이들이 여기서는 그러지 않았다.

아이들만이 아니었다. 우리 부부 역시 나름 신경을 써야 했다. 주차를 해도 반듯이 해야 하고, 쓰레기를 버려도 제대로 버려야 했다. 누가 무엇을 잘못하고 있는지를 금방 알 수 있기 때문이었다. 빌라 안에서만 그런 게 아니었다. 동네 사람들 모두 누가 누구인지 쉽게 알 수 있는 상황이다 보니 밖에 나가서도 말과 행동을 조심해야 했다.

이사를 온 지 얼마 되지 않아 있었던 일화를 하나 소개하겠다. 어느 겨울날 이른 아침, 창밖을 보니 집 앞 길에 눈이 쌓여 있었다. 누군가가 모자를 쓰고 눈을 쓸어내고 있었는데, 자세히 보니 아랫집의 선배 학자였다. 깜짝 놀라 눈을 쓸어낼 빗자루와 삽을 찾으니 있을 리가 있나. 급한 마음에 베란다 청소하는 짧은 빗자루를 들고 뛰어 내려갔다. 나만이 아니었다. 조금 있으니 이 집 저 집에서 빗자루를 들고 뛰어 나왔다.

이후 눈이 오면 모두 나와 눈을 쓸어내는 것이 일종의 문화가 되었다. 아파트에서는 느낄 수 없었던, 그야말로 오랜만에 느껴보는 공동체였다. 지금은 일기예보에 따라 한밤중, 눈이 오기도 전에 염화칼슘을 잔뜩 뿌려놓는 구청의 친절한(?) 서비스 덕에 더 이상 그렇게 할 일이 없어졌지만….

아이들은 이 집에서 중학교와 고등학교, 그리고 대학을 다녔다.

둘째 아이가 영국 유학 등 공부를 하느라 집을 몇 년 비운 것을 제외하고는 결혼할 때까지 줄곧 이 집에 살았다. 내가 잘못 생각하고 있는지 모르지만 아이들은 처음 잠시 동안 적응하느라 애를 먹었다. 하지만 곧 이 집과 주변의 환경을 좋아하게 되었다. 시간이 갈수록 점점 더 좋아하게 된 것으로 기억한다.

짓궂은 친구들이 강북으로 집을 옮겨 손해 본 이야기를 한다. 이 집 살 돈으로 강남에 아파트를 가지고 있었으면 어떻게 되었을까 하는 것이다. 실제로 정부에서 일하던 시절, 어느 주요 일간지가 이와 관련된 가십성 기사를 쓴 적이 있다. 내용은 이렇다.

'대통령은 여의도 아파트를 팔고 종로에 있는 빌라로 이사를 왔고, 대통령 정책실장 김병준은 강남 아파트를 팔고 평창동 빌라로 이사를 왔다. 둘 다 경제적으로 많은 손해를 봤다. 이 실력으로 집값을 잡겠단다. 누가 봐도 웃을 일이다.'

맞다. 돈은 적지 않게 손해를 봤다. 이 집을 살 때는 강남 아파트를 매각한 돈에다 그만큼의 돈을 더 보태야 했다. 그러나 지금은 이 집을 팔아 그 아파트를 살 수 없다. 더욱이 재개발까지 되었으니, 못 줘도 지금 사는 집값의 두 배는 주어야 살 수 있을까 말까다. 흔히들 강남 집 팔고 강북에 집을 사서 이사하는 사람을 '팔불출'이라 하는데, 그야말로 그 꼴이 된 셈이다.

하지만 단 한 번도 후회한 적이 없다. 아이들을 키우고 싶은 환경에서 키웠고, 아이들과 함께하는, 어찌 보면 우리 인생에 있어 가장 소중한 시간을 여유 있는 환경과 여유 있는 공간에서 보냈다. 뿐만 아니다. 틈틈이 북한산을 오르내리며, 또 미술관 등을 돌며 몸과 마음을 추스르곤 했다. 이 좋은 것들을 어떻게 돈으로 계산하겠는가.

# 아빠의 고백,
# 그리고 대학 보내기

,

## 지방대학 출신의 서러움

나는 지방대학 출신이다. 그리고 서울 시내 대학에서 교수를 했다. 한마디로 꽤나 희귀한 존재다. 이런 경우가 거의 없기 때문이다. 내가 공부하는 분야의 경우, 서울 시내 대학을 통틀어 그야말로 몇 안 되는 케이스 중 하나가 아니었을까 한다.

지나온 세월을 되돌아보면 겪은 설움이 한두 가지가 아니다. 우선 자리를 잡는 것부터 힘들었다. 젊은 시절, 강원대학에서 국민대학으로 옮길 때만 해도 그랬다. 학과 교수들이 1순위로 채용 의견을 올렸으나 새 학기가 시작되기 직전에야 해외 출장에서 돌아온 총장이 임용을 거부했다. 이유는 하나였다. 왜 명문대 출신들을 놔두고 지방대학 출신을 뽑느냐는 것이었다.

당혹스러웠다. 서울 시내의 다른 대학 두 곳으로부터도 제의를 받았으나 국민대학을 가겠다고 거절해버린 터였다. 국민대학에서 최종 결정이 날 때까지 결정을 유보하려 했지만, 그러지 못했다. 혹시 다른 대학으로 갈 것을 걱정한 국민대학 교수들이 그 학교들에게 거절을 통보해주라고 강권했기 때문이었다. 총장이 부재중이지만 교수 인사는 학과의 교수들이 결정하는 게 관례이니 국민대학으로 오는 데는 아무 문제가 없다고 했다.

기존에 재직하고 있던 강원대학도 마찬가지였다. 새 학기 수업에 지장을 주지 않기 위해 학과 교수들에게 이미 사의를 표한 상태였다. 이 역시 국민대학 교수들의 권고를 따른 일이기도 했는데, 어쨌든 이를 번복할 수 있는 상황이 아니었다. 결국 국민대학을 가지 못하면 영락없이 실업자가 될 판이었다.

국민대학 총장이 임용을 거부하자 학과 교수들이 총장실로 들어가 총장과 대치했다. 참으로 황당한 일이었다. 바로 총장실로 전화를 했다. 그리고 교수들께 말했다.
"이렇게까지 해가며 갈 이유가 없다. 모두 총장실에서 나와주셨으면 한다. 이 학교, 저 학교에서 시간강사나 하고 있다가 다음 학기

152

에 다른 학교를 찾아보겠다.”

교수들이 농성을 풀자 총장이 혼란에 빠졌다. 지방대학을 나온 시원찮은 사람이 교수들에게 로비를 해서 1순위가 된 것으로 생각했는데, 그 당사자가 이렇게 쉽게 물러선다는 게 이해되지 않았던 것이다. 뭔가 잘못되었다는 생각에 다른 대학에 있는 중진 교수 두 분에게 물었는데, 마침 그 두 분이 내가 발표한 논문 등을 이야기하며 좋은 평가를 해준 모양이었다.

다음 날, 총장은 해도 뜨기 전에 학과장에게 전화를 해 자신이 오해한 데 대해 사과를 했다. 그리고 자신의 승용차를 내어줄 테니 나를 ‘모셔오라’고 했다. 그 차를 타고 들어가지는 않았지만, 이렇게 해서 국민대학 교수로 임용되었다. 한바탕의 소동, 모두 지방대학을 나온 ‘죄’, 그것 때문이었다.

그 후로도 마찬가지였다. 강의 도중에 실수를 해도 서울대학 출신이 하면 실수가 되고, 내가 하면 실력이 그것밖에 되지 않아 그런 것이 되었다. 학생이 질문을 해도 그렇다. 서울대학 출신이 대답을 못하면 교수라고 어떻게 다 알겠느냐 그러지만, 내가 대답하지 못하면 실력이 그것밖에 되지 않아 그렇다고 했다.

이 모든 억울함을 극복하는 길은 오직 하나다. 서울대학 출신이 하나를 알 때 두 개, 세 개를 아는 수밖에 없다. 그들이 하나를 알 때, 나도 그 하나는 안다고 소리 높여봐야 아무 소용이 없다. 누구도 똑같이 취급해주지 않는다.

공부 또한 어떻게 해야 되겠는가. 꼭 그렇지는 않겠지만 좋은 대학 나온 사람보다 지적 역량이 낮을 수도 있으니 더 많이 공부하는 수밖에 없다. 그들이 하나를 알기 위해 한 시간을 공부한다면, 지방대학 출신은 두 시간을 공부해야 한다. 더 많이 알아야 하고, 더 길게 공부해야 한다. 강의도 그렇게 하고, 글도 그렇게 써야 한다. 어쩌겠나. 그것 말고 달리 무슨 방법이 있겠는가.

이렇게 5년, 10년, 15년, 좋은 논문을 쓰고 좋은 강의를 하고…. 그렇게 시간이 흐르다 보면 어느 순간 이러한 편견이 약해지거나 없어진다. '지방대학 출신이지만 실력이 있는 사람'이 되고, 적지 않은 사람들이 그 사람이 무슨 대학을 나왔는지조차 잊어버리게 된다. 그러면서 명문 대학을 나오지 않은 사람들에게 '나도 저렇게 될 수 있다'는 희망을 주기도 한다.

하지만 이것은 쉬운 일이 아니다. 당사자로서는 더없이 피곤하고 힘든 길이다. 좋은 대학을 나오지 못했다는 죄 아닌 죄로 남들보다 몇 배 힘든 인생을 살아야 하는 것이다. 정당하지 못하고 공정하지 못하지만, 우리의 현실이 그렇다.

젊은 시절, 술자리에서 다른 학교의 동년배 교수에게 푸념 삼아 이런 이야기를 했다. 그랬더니 술이 한 잔 된 그가 말했다.

"그러니까 뭐 하려고 교수를 하려 했어. 그것도 서울 시내 대학의 교수를…. 지방대학을 졸업했으면 그냥 그에 맞게 살아야지. 그 동네에서 취직을 하거나 장사를 하고 말이야."

순간 술이 확 깼다. '아, 잘못 말했구나. 이런 푸념조차 나 같은 사람에게는 사치구나.'

## 어떤 대학?

이런 일이 어찌 대학에서만 일어나겠는가. 그때나 지금이나, 또 공공부문이나 민간부문이나, 우리 사회 곳곳에서 일상적으로 일어나고 있다. 어느 대학을 나왔느냐가 살아가는 데 필요한 인맥과 인간관계의 바탕이 되는가 하면, 심지어 사랑과 결혼의 조건이 되기도 한다.

솔직히 우리 아이들은 이런 문제에 관한 한, 내가 겪은 일들을 겪지 않았으면 했다. 학벌로 인한 차별이나 편견으로 고생하지 않는 삶을 살았으면 한 것이다. 방법은 두 가지였다. 하나는 괜찮은 대학에 가서 차별과 편견의 대상이 되지 않는 것. 그리고 또 하나는 그렇지 못한 대학에 가게 되면, 앞서 술자리에서 동년배 교수가 한 말처럼 이를 숙명으로 받아들이고 그에 맞는 삶을 사는 것. 이 둘 중, 어느 것을 아이들에게 이야기해줄 것인가?

아이들에게 솔직하게 말했다.
"아빠는 흔히 말하는 명문 대학을 나오지 못했다. 그래서 힘든 부분이 많았다. 너희들 인생은 그러지 않았으면 좋겠다. 또 너희들은 경제적으로 크게 여유가 있지는 않지만, 그래도 교수의 딸로, 아빠와 다른 환경에서 자랐다. 아빠가 겪은 어려움을 버텨낸다는 보장도 없다. 되도록 좋은 대학을 갔으면 한다."

그렇다고 최고의 대학만을 강조한 것은 아니었다.
"심한 편견과 차별의 대상이 되지 않는 대학이면 된다. 그 정도면 기회는 얼마든지 주어진다. 그다음은 능력 문제다. 능력이 있으면 너희들이 원하는 것을 얻을 수 있다."
아내에게도 이야기했다.
"웬만한 대학이면 된다. 되도록 입시 스트레스를 주지 말자. 재수도 시키지 말자."

어떻게 보면 이것이 어느 대학에 갈 것인가와 관련하여 아이들에게 한 유일한 말이었다. 곧이어 이야기하겠지만 전공과 관련해서는 적지 않은 이야기를 주고받았다. 그러나 어느 대학을 갈 것인가에 대해서는 이 말 이외에는 별다른 말을 하지 않았다. 이와 관련된 문제는 모두 엄마와 이야기하는 것으로 했고, 나는 아내로부터 이런저런 것을 전해 듣고 나름대로의 의견을 '참고 삼아' 제시하곤 했다.

다행히 아이들은 차별과 편견의 대상이 되지 않을 정도의 대학에 진학했다. 유난스러운 과외를 하지도 않았고, 특별한 학원도 다니지 않았다. 특히 작은아이는 더욱 그랬다. 어려운 과목이든 쉬운 과목이든 거의 모든 것을 혼자서 준비했다. 최고의 대학은 못 갔지만 그만하면 성공적이지 않았나 생각한다.

# 아이 '좀비' 만들기: 열정도 관심도 없는 전공

,

## 패자敗者의 길

요즘 젊은이들은 솔직하다. 교수로서 학생들 면담을 하면 과거에는 상상도 하지 못할 답을 듣게 된다.

"왜 행정학과에 왔지?"
"공무원 되려고요."
"특별한 이유가 있나?"
"편하고 좋잖아요. 잘 안 잘리고요."
"누가 그러든?"
"아버지가요."
"그런데 행정학과 왔다고 해서 더 쉽게 공무원이 되는 것은 아니거든."

"와 보니까 그러네요. 그래도 다녀야죠 뭐."

과거 같으면 빤한 거짓말이라도 공무원이 되려는 이유를 '국가와 국민을 위해서', 또 '어려운 사람들을 위해 일하고 싶어서' 등으로 말했을 것이다. 그러나 요즘은 그렇지 않다. 거침없이 진실을 이야기하는데, 그 진실이 질문을 하는 사람의 마음을 아프게 한다.

그래도 이런 대답은 그나마 낫다. 아래에 소개할 대답에 비하면 말이다. 모든 학생이 다 그런 건 아니지만, 조금 편한 자리를 만들고 나면 그 '불편한 진실'을 쏟아 놓는다.

"왜 행정학과에 왔지?"
"성적에 맞추다가 보니까 그렇게 됐어요."

"왜 행정학과에 왔지?"
"아버지가 가라고 해서요."

"왜 행정학과에 왔지?"
"엄마가 원서를 접수했는데, 막판 경쟁률을 보고 지원했대요."

이런 자세와 마음으로 이 세상을 살아갈 수 있을까? 자, 한번 따져 보자. 우선, 경쟁사회다. 복지다 뭐다 해서 사회적 안전망이 강화될 것이고, 그래서 모두 굶지는 않을 것이다. 하지만 밥 먹고 사는 것을 넘어 무엇에건 성공을 하자면 경쟁을 거쳐야 한다. 사회주의 국가나 공산주의 국가라 하여 다르지 않다. 곳곳에 경쟁 메커니즘이 자리 잡고 있고, 이 경쟁에서 이긴 자들만이 원하는 자리에서 원하는 일을 할 수 있다.

경쟁에서 이기려면 어떻게 해야 하나? 실력이 있어야 한다. 세상이 맑아지고 합리적이 될수록 실력이 곧 경쟁력이 될 것이다. 앞서 말한 것처럼 학벌이나 학맥 등이 중요하고, 집안 배경 등이 작지 않은 영향을 미치겠지만 어떠한 경우에도 실력 없이 지속적으로, 또 크게 성공하기는 어렵다.

그러면 실력은 어떻게 길러지나? 천부적으로 타고나는 것도 있겠지만 기본은 역시 열심히 노력하는 데 있다. 열심히 노력하자면 또 어떻게 해야 하나? 좋아하는 일을 해야 한다. 좋아하지 않는 일은 열심히 할 수 없다. 억지로 할 수는 있겠지만 그만큼 인생은 불행해진다. 의사든 변호사든 교수든 다 마찬가지다. 본인이 그 일을 좋아하지 않으면 서글프고 고단한 인생이 되고, 결국은 그 분야에서 패자敗者가 된다. 밥은 먹고 살지 모르겠지만 말이다.

편하고 쉽게 살기 위해 택한 직업에서 어떻게 큰 성공을 거둘 것이며, 성적에 맞추다 보니 하게 된 공부나, 부모가 어찌어찌 하다 보니 찍어준 전공에 무슨 열정이 생기겠는가. 시작하기도 전에 이들은 이미 패자들이다.

그래서 위의 대화에서처럼 대답한 학생들에게는 나 역시 솔직한 마음으로 조언을 한다. 하루 빨리 행정학이나 정책학 공부를 그만두는 것을 생각해보라고. 그리고 스스로 가슴이 뛰는 일이나, 아니면 좋아할 만한 일이나 전공을 찾아보라고. 지금이라도 늦지 않았다고.

## 화가가 되고 싶은 둘째

우리 아이들에게도 마찬가지다. 어떤 대학에 갈 것인가보다 아이들이 진정으로 하고 싶어 할 일이 무엇인가에 더 많은 신경을 썼다. 좀 못한 학교에 가더라도 스스로 열심히 할 수 있는 일이라면 그 일에 있어 성공을 거둘 수 있을 것이라고 생각한 것이다.

쉽지 않았다. 아이들이 무엇을 하고 싶어 한다고 해서 끝나는 문제가 아니기 때문이었다. 방송에 각종 요리 프로그램이 방영될 때는 셰프chef가 되는 것이 꿈이라 하고, 개그 프로그램이 인기를 얻을 때는 개그맨이 되겠다고 하는 것이 아이들이다. 나이 드신 분들은 기억을 하겠지만 〈모래시계〉 연속극이 한참 인기를 얻을 당시, 많은 아이의 장래희망이 '깡패' 또는 '조폭'이었다.

달리 방법이 있겠나. 아이들이 하고 싶어 하는 것을 하게 해주는 것이다. 스케이트를 타겠다면 그렇게 해주고, 그림을 그리겠다면 또 그렇게 해주는 것이다. 그러면서 그런 다양한 활동들에 대한 재주와 취향들을 관찰하는 것이다.

큰아이는 비교적 일찍 그 특성이 드러났다. 사람들을 잘 사귀고, 남을 쉽게 편하게 해주고, 논쟁과 토론을 즐기는 등 사회과학도로서의 자질을 보여주었다. 또 사회에 나가서는 공익적인 일을 하거나 사람과의 관계를 조율하거나 이끄는 일을 하면 좋겠다는 생각을 하게 해주었다.

그러나 작은아이는 아니었다. 도무지 알 수가 없었다. 그럴수록 아이가 무엇을 하건 그냥 내버려두었다. 중학교 때에는 소설을 쓰는 것 같았고, 고등학교 때에는 그림을 그리는 한편, 자아에 대한 고민을 깊이 하는 것 같았다. 하나하나 모두 몰두하는 모습이었다. 이를테면 소설의 경우 그 내용이 무엇인지는 몰라도 회계에 관한 전문 서적까지 찾아보는 것 같았다. 자아에 대한 고민 또한 고등학생으로서는 지나치다고 할 정도로 하는 것 같았다.

모르는 척 그냥 두었다. 학교 성적이 다소 나빠지겠지만 그게 문제가 아니었다. 아이가 스스로 좋아서 할 일이 무엇인가를 찾는 게 우선이었다. 그러나 정말 알 수 없었다. 인문학 쪽이기는 한데, 확신이 서지 않았다. 혹시 그림? 재주는 있어 보이는데, 평생을 전공으로 하고 싶어 할 정도로 좋아할까? 또 우리 형편이 이를 밀어줄 정도가 될까? 걱정이 되기도 했다.

그러던 어느 날 아이가 자신이 하고 싶은 일을 이야기해왔다. 미술대학에 가서 그림과 디자인을 공부하고 싶다는 것이었다. 순간 앞이 캄캄했다. 얼마나 험한 길이고, 얼마나 돈이 많이 드는 일인지를 어느 정도는 알고 있었기 때문이었다. 아니길 바라고 또 바라던 일 중 하나를 아이가 말해버린 것이다. 바로 만류했다.

"그건 안 된다. 인문대학 쪽으로 가라."

아이는 바로 반발을 했고, 부녀간에 한바탕 논쟁이 벌어졌다. 결국 진실을 이야기할 수밖에 없었다.

"미안하다. 재정적으로 아빠는 자신이 없다. 지금 당장 선생님들로부터 사사받아야 할 텐데 그 돈부터가 걱정이다. 또 그 뒤는 어떻게 할지, 무슨 방도가 떠오르질 않는다."

아이는 말을 멈추었다. 그리고 고개를 떨어뜨렸다. 아이에게 한없이 미안하고 부끄러운 순간이었다.

다음 날 작은아이에게 말했다.
"그림은 평생 취미로 그려라. 그리고 미술이론을 공부해보는 건 어떻겠니. 이를테면 미학이나 미술사를 공부하면서 취미로 그림을 그리는 거지."
한참 뒤 아이가 입을 열었다. 미대는 못 가지만 수능을 앞둔 지금 이 순간에도 그림은 그리고 싶다고.

고3, 한참 수능 공부를 해야 할 때 작은아이는 매일같이 강남에 있는 미술학원을 다녔다. 부모가 할 수 있는 일은 하나밖에 없었다. 학교에서 강남으로, 강남에서 다시 평창동 집으로 오가는 시간이라도 줄여주는 것이었다. 매일 아내나 나, 아니면 둘이서 같이 차로 아이를 데려다주고 데리고 오곤 했다. 수능시험 바로 한 달 전까지.

지금도 작은아이가 그때와 그 이후에 그린 그림들을 본다. 자식 이야기라 말하기 쑥스럽지만, 잘 그렸다. 분명 재주가 있다. 그래서 이 순간, 다시 한번 미안하다. 아이가 하고 싶은 일을 하게 해주어야 된다고 믿고, 또 그렇게 말하고 다니는 사람이 정작 내 딸에게는 그렇게 해주지 못했다.

# 적성과 전공: '좀비 사회'

적성에 맞는 전공, 즉 좋아할 수 있고 잘할 수 있는 전공을 찾는다는 게 여간 어려운 일이 아니다. 흔히 하는 적성검사도 그렇다. 이런저런 질문을 던지고 답하는 것으로는 한계가 있을 수밖에 없다. 실제와 크게 다를 수도 있다는 뜻이다.

결국 긴 시간, 다양한 일을 경험하게 하면서 주의 깊게 관찰해보는 수밖에 없다. 어떤 일이나 현상에 대해 어떤 관심을 기울이는지, 또 어떤 질문을 던지고 어떤 의문을 품는지 등을 잘 지켜보아야 한다. 부모와 선생님들이 말이다.

그러나 우리의 교육은 그 반대다. 다양한 일을 경험하게 하기보다는 대학 입시를 위한 공부에 아이들을 붙들어 맨다. 그리고 그 밖의 일에 대한 의문이나 질문을 허용하지 않는다. 쓸데없는 짓, 쓸데없는 생각 하지 말고 '공부'나 하라는 것이다. 결과적으로 아이들도, 부모나 선생님들도 아이들이 무엇을 좋아하고 무엇을 잘하게 될지 잘 모르게 된다.

그러다 보니 아이들의 경험과 견문은 좁을 수밖에 없고, 그 좁은 경험과 견문 안에서 자신의 '적성'과 장래, 그리고 하고 싶은 전공을 이야기하게 된다. 더 넓은 세상에서 자신이 정말 진가를 발휘할 수 있는 게 무엇인지를 알지 못한 채 말이다.

부모나 선생님 역시 마찬가지다. 세상이 달라져 이런저런 직업을 가진 사람들을 만나게 하고, 그럼으로써 다양한 일이나 직업에 대한 간접적인 경험을 하게 하는 멘토링mentoring 서비스 같은 것도 있지만, 그런 것에는 큰 관심이 없다. 오로지 공부에 공부, 그러면서 아이들의 경험이나 견문을 더욱 좁게 만들고, 아이들이 정말 잘할 수 있는 일이나 전공을 찾을 기회를 스스로 박탈해나간다.

아이들의 '적성'을 제대로 알 수가 없으니 어떻게 하겠나. 자신들이 원하는 목표에 아이들 성적을 맞추거나, 성적에 맞춰 전공을 정한다. 아이들이 어떤 분야에서 자신들이 가진 역량을 최대한 발휘하게 될지에 대한 생각은 뒤로 가 있다. 몸에 맞건 맞지 않건 그럴듯한 옷만 걸치면 된다는 식이다.

여기에 최근에는 대학 또한 한 술 더 뜬다. 아이들이나 부모 입장에서는 그렇지 않아도 각 학과나 전공들이 무엇을 가르치는지 잘 알 수 없는 상황이다. 이런 판에 이제는 학생들을 유치하기 위해 학과나 전공의 명칭을 그럴듯하게 붙여놓기도 한다. 이런 것을 가르치는 줄 알고 입학해보면 저런 것을 가르친다. 또 한 번 적성과 전공의 괴리를 만드는 것이다.

  불행이다. 아이들에게도, 부모나 선생님에게도, 또 국가나 사회 모두에 불행이다. 일에 대한 열정과 이를 바탕으로 한 창의력과 상상력이 경쟁력이 되는 사회다. 이런 세상에 '성적에 맞추다 보니 그렇게 되었다거나, 아버지가 가라고 해서 왔다거나, 아니면 어머니가 경쟁률을 보고 원서를 접수하다 보니 그렇게 되었다'는 대답이 나와서야 되겠는가.

  시대에 뒤떨어진 학벌 중심의 문화가, 또 이를 맹목적으로 따라가거나 따라갈 수밖에 없는 부모와 선생님들이 우리 아이들을 멍들게 하고 있다. 창의력과 상상력, 그리고 열정도 없이 그저 살아가기 위해 버둥대는 '좀비'가 되기를 강요하고 있다.

# 좌절된 '계획'

,

　　고등학교 1학년, 미술학원에 다니고 있을 때였다. 학원 선생님과 진학 상담을 했는데, 뜻하지 않게 그 선생님을 당황하게 만들고 말았다. '1지망 서울대, 2지망 홍익대'라는 식의 답변을 기대하셨던 선생님 앞에서, 해외의 유명 디자인스쿨을 가겠다고 이야기한 것이다. 그리고 파리의 2대 패션쇼 중 하나인 프레타포르테(pret-a-porter)에 입성하기 위해 어떻게 할 것인지 등 세부 계획까지 이야기한 것이다. 선생님은 이 황당한 계획에 대해 어떻게 대답해야 할지 모르시는 것 같았다.

　　세상물정 모르는 아이의 무모하고 허황된 꿈이었다. 아빠는 대학 졸업 전까지는 어떤 일이 있어도 부모와 같이 살아야 한다며 고등학교 졸업 후 바로 유학을 가는 것은 단호히 반대하셨다. 그러나 미술과 디자인에 대한 나의 이러한 탐색, 모험, 방황은 내내 관심을 가지고 지켜봐주셨다.

그러나 결국 미대는 가지 못했다. 아빠가 만류를 하셨고, 나는 이를 받아들일 수밖에 없었다. 아빠가 원망스러웠지만 나보다 더 가슴 아파하는 아빠를 보고는 달리 할 말이 없었다. 엄마도 마찬가지, 나보다 더 아픈 마음으로 나를 안아주셨다. 하지만 그때의 그 아픔은 여전히 가슴 한쪽에 그대로 남아 있다.

# PART 3

# 어떤 가족으로 살 것인가?

문화와 습관으로서의 한 가족

# 가족,
# 그 동행의 의미

## 동행, 그 이유

게이오 대학 방문교수로 갈 준비를 하고 있을 때다. 당시 중학교 3
학년 1학기를 마쳤던 큰아이는 동경에 있는 외국인 고등학교에 가
기를 원했고, 중학교 1학년이었던 작은아이는 일본 중학교에 가기
를 원했다.

큰아이를 위해 가톨릭 교단에서 운영하는 세이신聖心 국제학교
Sacred Heart International School에 지원서를 보냈는데, 얼마 뒤 학교로부터
전화가 왔다. 부모와 학생을 면담해야 하니 학교로 오라는 내용이
었다. 아니, 면담을 해야 한다고? 그것도 부모까지? 잘못 들었나 싶
어 다시 물었다. 우리는 아직 서울에 있고, 그래서 면담을 하려면 일

부러 동경까지 가야 한다는 이야기와 함께. 하지만 대답은 똑같았다. 아이와 부모 모두를 면담해야 한다고 했다.

도리 없이 우리 부부와 큰아이, 그렇게 셋이서 급히 동경으로 갔다. 선생님 한 분이 별도로 면접하겠다며 아이를 데리고 나가고, 우리 부부는 교장선생님과 마주 앉았다. 학교 소개가 있었고, 이어 아이 교육에 대한 부모의 기대, 교육관, 그리고 아이의 성격 등에 대한 질문이 있었다. 그러다가 다소 엉뚱한 질문이 주어졌다.

"아이와 함께 동경에 있는 것이 확실하지요?"

그제야 알 것 같았다. 왜 굳이 부모까지 불렀는지를. 교장이 설명했다. 때로 아이만을 일본에 남겨두거나, 아니면 부모가 아닌 다른 사람에게 맡기는 한국 사람들을 보았다고. 그런데 이 학교는 특별한 경우가 아니면 이를 허용하지 않는다고. 교장선생님이 말했다.

"아이가 부모 밑에서 자랐으면 한다. 점심 식사도 부모가 싸준 도시락으로 했으면 한다. 부모와 떨어져 살 수밖에 없는 학생들에게는 공평하지 못한 일이 될 수도 있지만 어찌되었건 이 학교는 그것을 기본으로 한다. 교육 프로그램도 부모가 같이 살고 있다는 것을 전제로 짜여져 있다."

분명 공평하지 못한 일이었다. 부모와 떨어져 지낼 수밖에 없는 경우도 있을 것이고, 도시락을 싸주지 못할 상황인 경우도 있을 것이다. 그러나 다른 한편으로 이 학교의 철학 또한 이해되지 않는 것은 아니었다. 가능한 한 아이는 부모와 같이 살아야 한다는 것, 이를 어떻게 부정할 수 있겠나.

어쨌든 이렇게 입학한 학교에서의 1년, 아이는 행복해했다. 운동도 하고, 음악도 하고, 교육 과정 전체에 전인교육의 냄새가 물씬 풍겼다. 또 선생님도 좋고, 친구들도 좋았다. 어릴 때 미국에서 학교를 다닌 경험이 있고, 그래서 영어를 어느 정도 할 수 있다는 게 큰 도움이 된 것 같기도 했다.

1년 뒤 서울로 돌아오기 전, 학교에 아이와 함께 인사를 하러 갔다. 담임선생님이 말했다. 미국이나 영국의 좋은 학교에 갈 수 있을 텐데 아쉽다고. 그러면서 누가 보호해줄 사람이 있으면 아이를 두고 가는 것도 생각해보라고 했다. 깜짝 놀라서 물었다. 부모와 같이 살지 않는 아이는 받지 않는 게 이 학교 원칙 아니냐고. 담임선생님이 말했다. 이제 적응을 했고, 그래서 학교 측도 보호해줄 사람만 있으면 부모와 떨어져 있어도 별 문제가 없다는 판단을 하고 있다고.

사실 그랬다. 서울로 데려오면 고등학교 1학년 2학기, 1년 동안 전혀 다른 내용의 교육을 받은 아이가 다른 아이들을 따라갈 수 있을지 의문이었다. 내신 성적부터 큰 걱정이었다. 반면 그 외국인 학교 졸업생들의 대학 진학 상황을 볼 때, 그곳에 두면 비교적 편하게 미국이나 영국, 또는 일본의 가고 싶은 학교를 갈 수 있을 것 같았다. 하지만 선생님께 말했다.

"감사합니다만 이번엔 저희들이 안 되겠습니다. 대학을 졸업할 때까지는 가족이 함께 살았으면 합니다."

아이가 그렇게 좋아하던 학교, 그리고 나 자신도 크게 신뢰하던 학교, 그 학교를 그렇게 떠났다.

그러고 보니 두 번째 있는 일이었다. 앞서 이야기했지만 첫 안식년으로 미국을 갔을 때도 그곳에 남고 싶어 했던 아이들을 데리고 귀국을 했다. 그리고 두 번째도 마찬가지, 또 그렇게 했다. 일본 중학교를 다녔던 작은아이는 그렇지 않았지만, 큰아이는 말을 하지 못할 뿐, 내심 그곳에 머물고 싶다는 생각이 강했다.

우리 부부 역시 고민하지 않은 것은 아니다. 하지만 자신이 없었다. 부모와 떨어진 상태에서도 잘 자랄까? 더 유능하고 더 행복한 사람이 될까? 묻고 또 물어도 확신이 서지 않았다. 한국인으로서의 자기 확신이 흔들리지 않을까 하는 문제, 즉 정체성 문제는 더욱 겁이 났다. 그것이 무엇을 의미하는지, 또 아이들에게 어떠한 혼란과 어려움을 주는지를 잘 알고 있었기 때문이었다.

## '당신들이 부모라고?'

비극적인 이야기를 하나 소개하겠다. 젊은 시절 정부 지원으로 미국 대학에 머문 뒤, 아들 둘을 그곳에 두고 온 교수 한 분이 있다. 아이들을 사립 기숙학교에 보냈고, 부부는 열심히 벌어 아이들 뒷바라지를 했다. 아이들은 공부를 잘했고, 그래서 큰아이는 미국 최고의 명문 법대를 졸업한 후 변호사가 되어 세계적인 법무법인에서 일하게 되었다. 둘째 역시 최고의 명문 대학을 졸업한 후 다국적 기업에서 일하는 회계사가 되었다.

아이들이 자리를 잡은 뒤, 이 교수는 다시 미국 대학에서 1년을 머물게 되었다. 당연히 뉴욕에 있는 큰아들에게 며칠간 들르겠다고 전화를 했다. 그리고 며칠 뒤 방이 세 개나 되는 아들의 아파트를 찾았다. 그런데 밤 10시가 되도록 잘 방을 안내하지 않고 있던 아들이 말했다. 이제 늦었으니 가보셔야 되지 않느냐고. 당황해하는 아버지를 보고 아들이 하는 말, "어느 호텔이에요. 택시를 불러 드릴게."

혼자 알아서 가겠다고 말하며 일어서는 아버지를 보고 아들이 다시 말했다.

"이렇게 들이닥치지 마세요. 나도 일이 있고 프라이버시가 있는데, 이렇게 들이닥치면 곤란해요. 당신들은you guys 이게 문제야."

'You guys라고?' 호텔을 찾아 길거리로 나선 아버지의 눈에 눈물이 맺혔다.

　이후로도 이런 일이 계속되었다. 큰아들 작은아들, 둘 다 그랬다. 그나마 아버지는 영어를 하니 대화라도 할 수 있었다. 영어가 서툰 어머니는 오랜 세월 아들들 뒷바라지할 돈을 버느라 서울에 머물고 있었는데, 전화를 해도 몇 마디 하지 못한 채 울기만 했다. 아들들은 그때마다 오히려 짜증을 냈다. 심지어 우는 것에 질려sick and tired 전화도 받고 싶지 않다고도 했다.

　그러던 어느 날, 큰아들이 결혼을 한다고 통보를 해왔다. 신부는 대만 쪽 중국인 2세라고 했다. 화가 난 아버지가 뉴욕으로 달려가 큰소리로 꾸짖었다. 미국 사람들도 이렇게는 하지 않는다. 가족들에게 사전에 소개라도 시킨다. 어떻게 부모에게 말 한마디 없이 이럴 수가 있느냐. 그러자 큰아들이 말했다.
　"부모라고? 낳고 돈 벌어 학교 보내면 부모야? 나와 내 동생이 어떻게 자란 줄 알아? 또 지금 어떻게 살고 있는지 알아? 뭘 안다고 부모야? 연봉 많이 받고 괜찮아 보이는 아파트에 사니까 괜찮은 것 같지? 영어 잘하고 좋은 대학 나오면 이 나라 사람이 돼? 올라가면 갈수록 이 나라 사람이 아닌 게 확실해져. 이제 와서 부모라고? 이제 와서 한국 사람처럼 살라고? 이제 와서 미국 사람처럼 살라고? 내가 한국 사람이야? 내가 미국 사람이야? 당신들이 뭘 알아. 왜 나와 동생을 이 땅에 두었어. 이게 뭐야. 이게 부모야?"

아버지는 아무 말도 하지 못했다. '다 너희들을 위한 일이었다'라는 그 소리조차 못했다. 너무도 보고 싶었던 아들들, 늘 가까이 두고 싶었던 아들들, 그 아들들의 장래를 위해 그 나라에 남겨두었다. 비싼 사립학교를 보내기에는 턱도 없는 교수 월급, 결국 아내까지 돈을 벌겠다고 나섰고, 그 바람에 자주 찾아가보지도 못했다. 그렇게 키운 아들들이 조금씩 멀게 느껴지더니 어느덧 이렇게까지 되어버렸다.

우리 가족이 미국에 안식년으로 체류하고 있던 시절, 그가 우리집을 찾았다. 그리고 우리 아이들을 보며 말했다.
"아이들을 두고 가지 마세요. 너무 떨어져 있으면 가족이 아니에요. 아이들에게도 좋은 일이 아니고요."
그리고 이렇게 덧붙였다.
"그 아이들이 찾기 전에는 우리 부부 모두 그 아이들을 안 볼 거예요. 그게 그 아이들에게도 좋을 것 같아."

이는 극단적인 경우일 것이다. 그리고 그와 전혀 다른 성공적인 경우들도 적지 않을 것이다. 하지만 성공과 실패를 떠나 아이들이 정체성에 있어 혼란을 겪는 것이 싫었다. 그리고 그로 인해 부모와

179

갈등이 생기는 것이 싫었다. 좀 덜 유능하고, 좀 덜 훌륭하면 어떠냐. 잘나도 내 자식, 못나도 내 자식, 잘나도 내 부모, 못나도 내 부모, 그저 그렇게 같이 살고 싶었다.

큰아이가 고등학교를 졸업할 무렵, 외국의 꽤 괜찮은 대학으로부터 4년 장학금이 보장되는 입학 허가를 받았다. 별 생각 없이 내본 것이 그렇게 된 것이다. 하지만 고민은 잠시, 갈 수 없다는 의사를 밝혔다. 대학을 졸업할 때까지는 가족이 모두 함께 지내자는 생각 때문이었다.

# '거금' 500만 원으로 산 '문화'

,

## 그림 선물

그림 보기를 즐긴다. 시간이 나면 아내와 함께 미술관으로 박물관으로 그림을 보러 다닌다. 평창동 사는 즐거움 중 하나다. 미술관이 적지 않은 데다, 그림이 있는 찻집, 그림이 있는 식당들이 많다. 심지어는 집의 담 한쪽에 그림을 전시할 수 있는 공간을 만들어 그림을 걸어둔 집도 있다.

때로 선물도 그림이나 판화, 아니면 사진으로 하기도 한다. 물론 값이 비싸지 않은 소품들인데, 모두들 좋아한다. 받은 사람들 중에는 집안 분위기가 달라졌다고 말하는 사람들도 있다. 틀린 말이 아닐 것이다. 그림 한 점이 있는 공간과 그렇지 않은 공간은 많은 차이가 난다.

선물을 하다 일어난 에피소드도 적지 않다. 재미 삼아 하나만 이야기하자. 1990년대 후반 책임을 맡고 있던 위원회 하나가 서울시로부터 상을 하나 받았는데, 부상副賞이 500만 원이었다. 이 돈을 어떻게 쓸 것인가 고민을 하다가 내 돈을 조금 보태 김병종 화백의 판화 소품들을 사서 같이 일했던 분들에게 선물했다. 기억하건대 30명 가까이 되지 않았을까.

다들 좋아했는데, 문제는 이를 받은 분들 중에 나와 작가가 특별한 관계에 있다고 생각한 분들이 있었던 모양이었다. 그림을 선물한다는 게 워낙 엉뚱해 보였기 때문인데, 어쨌든 그러다 보니 나도 모르는 사이에 그 작가와 내가 잘 아는 사이라는 소문이 나게 되었다. 마침 이름도 끝 자만 서로 달랐다.

몇 해 후, 대통령 정책실장을 하고 있을 때다. 청와대 부근의 어느 큰 갤러리를 지나다 김 화백의 개인전 안내판을 보았다. 잠시 보고 갈 생각으로 쑥 들어갔는데, 그곳에 김 화백이 계셨다. 처음 만나는 사이, 하지만 그는 오래된 사이처럼 반겨주었다. 그러면서 재미있는 이야기를 해주었다. 나에게 전달해달라며 민원을 가져오는 사람들이 있다는 것이다. 그래서 전혀 모르는 사이라 하면 오히려 깜짝 놀란다고 했다.

　같이 한참 웃었다. 아무튼 이 일이 인연이 되어 지금도 서로 가깝게 지낸다. 그런 만큼 그의 철학이나 그림에 대해, 또 그의 인간적인 면모에 대한 이해와 존경도 더 깊어졌다. 정말 감사한 일이다.


## 거금 500만 원

　다시 아이들 이야기로 돌아가서, 내가 그림에 대해 느끼는 것을 아이들도 같이 느낄 수 있었으면 했다. 아니면 같이 이야기라도 나눌 수 있으면 했다. 과도한 욕심이라 할 수도 있겠지만 어쨌든 내 마음이 그랬고, 아이들이 커가면서 그런 마음이 점점 더 강해졌다.

　하지만 아이들에게 그림을 좋아하라고 강요할 수는 없는 일이었다. 생각 끝에 그림을 사기 위해 모았던 돈을 아이들에게 주기로 했다. 적게 줘서는 부담을 느끼지 않을 수 있는 일, 그래서 거금 500만 원씩을 배정했다. 강연료와 원고료 등 몇 해 동안 모은 돈으로 나에게도 큰돈이었지만, 아이들 입장에서는 감당하기가 힘들 정도의 큰돈이었다.

원래 그림을 사기 위한 돈이라 어찌 보면 어떤 그림을 살 것인가에 대한 결정권만 아이들에게 넘기는 일이었다. 하지만 아이들은 그렇게 받아들이지 않았다. 이 큰돈이 자신들의 돈이었고, 이 돈으로 사는 그림은 곧 자신들의 그림이었다. 일생일대의 프로젝트가 될 수밖에 없었다.

큰아이는 거의 1년이 지나 그림을 샀다. 앞서 이야기한 김병종 화백의 〈생명의 노래〉 시리즈로 10호짜리 작품이었다. 내가 좋아하는 작가의 그림이었지만 잘했다 못했다, 잘 샀다 못 샀다 아무 말도 하지 않았다. 그냥 큰아이의 방에 걸어주었다.

그냥 살 수는 없었을 것이다. 이곳저곳 적지 않은 곳을 둘러보았을 것이고, 전시회도 적지 않게 가보았을 것이다. 비싼지 싼지 보기 위해 이런저런 그림들의 가격을 보았을 것이고, 그러면서 미술품의 가치를 보는 눈도 조금은 생겼을 것이다. 또 그 덕분에 가족 간의 대화도 풍성해졌다. 여러 화가와 작품에 대한 이야기도 하고…. 그것만으로도 나는 흡족했다.

작은아이에게도 똑같이 했다. 그랬더니 1년 이상의 시간이 지난 뒤 프랑스에서 활동하는 중국 팝아트 작가 루샤오팡의 그림을 샀다. 솔직히 좀 그랬다. 콘돔과 풍선을 뒤섞어 그린 작품이었다. 젊은 여자아이의 방에 어떻게 이런 그림을…. 하지만 아무 말 하지 않고 사서 작은아이 방에 걸어주었다.

왜 이 그림을 골랐는지 물어보지 않았다. 원래 그림을 그리고 싶어 했던 아이였고, 샤갈류의 초현실주의 그림을 좋아하는 등 나와는 다른 취향을 가지고 있었다. 1년 이상이 걸린 선택, 나름 많은 생각을 했을 것이다. 그 선택을 이해할 수 있을 것 같기도 했다.

지금도 아이들과 마주한 자리에서는 수시로 이런저런 화가들과 그들의 작품 이야기를 한다. 큰아이는 어린 두 딸을 데리고 자주 미술관을 찾는다. 집 안에 작은 그림 하나를 새로 거는 것이 큰 기쁨이 되고, 이 그림 저 그림을 이쪽저쪽으로 옮겨 거는 것이 집안의 화젯거리가 된다.

아이들에게 준 거금, 하지만 그야말로 값지게 쓴 돈이 아닐까 생각한다. 그 돈으로 인해 우리 문화의 한 부분이 우리 가족의 생활 속으로 들어오게 되었기 때문이다. 그리고 재미있는 사실 하나, 아이들이 산 그 두 점의 그림 값이 많이 올랐다. 지금은 그 돈으로는 어림도 없다.

# 정리하고 남은 책들

,

　살아오면서 책 정리를 크게 두 번 했다. 그 첫 번째는 10여 년 전 공직을 그만두고 학교로 복직하면서다. 연구실을 다시 정리하는 과정에서, 내가 왜 이렇게 많은 책을 가지고 있어야 할까 의문이 들었다. 내가 쥐고 있는 것보다 다른 사람들에게 가 있으면 훨씬 더 큰 도움이 될 수 있을 것도 같았고, 이것도 저것도 아니면 차라리 폐지로 재활용하는 게 옳다는 생각이 들었다.

　한 권 한 권, 두 달 가까이 책들과 '면담'을 했다. 내 평생 단 한 번이라도 이 책을 다시 펼쳐보게 될까? 행여 다시 보고자 하면 다른 곳에서 쉽게 구해서 볼 수 있을까? 어떤 추억이 있는가? 몇 가지 기준을 가지고 한 권 한 권 뽑아내기 시작했다. 무려 두 달, 집과 연구실에서 1만 권 가까이 되는 책을 뽑아내었다.

　아까운 책들이 뽑혀 나왔다. 유학 시절, 없는 돈에 손을 벌벌 떨며 산 고전들과 교수 초임 시절 몇 달 치의 월급을 주고 산 《사회과학대사전Encyclopedia of Social Sciences》과 양피가죽 장정의《대영백과사전 Encyclopedia Britannica》까지 뽑혀 나왔다. 일부러 수집하려고 해도 할 만한 귀한 책들이었고, 내다 팔면 돈도 될 수 있는 책들이었다. 하지만 나보다는 다른 사람이 가지고 있는 게 낫다는 생각이 들었다. 아니나 다를까, 이런 책들은 연구실 앞에 내어놓는 순간 금세 누군가가 집어갔다.

누구도 관심을 가지지 않는 책들은 자루에 넣었다. 그리고 못내 섭섭한 마음을 안고 '버렸다'. 그중 일부는 누군가가 골라서 헌책방으로 넘겼을 것이고, 거기서도 선택받지 못한 책들은 그야말로 폐지로 재활용되었을 것이다.

이렇게 버리고도 몇천 권이 남았었는데, 명예퇴직을 앞두고 이것을 다시 정리했다. 이번에는 집에 둔 책들이 주요 대상이 되었다. 학교 연구실 등 밖에 둔 책의 일부를 집으로 가지고 오자면 집에 그만한 공간을 확보해야 했기 때문이다. 다시 한 권 한 권 면접을 했다. 그리고 뽑아냈다. '수고했다. 가슴 아프지만 너와의 인연은 여기까지다.'

이렇게 한 뒤에 남은 1,500권 가까이 되는 책들, 이들은 과연 어떤 책들일까? 솔직히 나 자신도 놀랐다. 우선, 남은 책들은 온통 철학과 역사 등 인문학 서적들이었다. 평생을 만져온 정책학, 정치학, 경제학 등의 사회과학 서적은 불과 200~300권 정도밖에 되지 않았다.

또 하나, 화가들의 작품집과 미술품 도록은 거의 '버리지' 못했다는 사실이었다. 전체 서가의 5분의 1 정도, 그것도 가장 좋은 자리를 차지하고 있었다. 웃음이 나왔다. '아, 인생이란 게….' 짧은 한순간, 정치학이다 경제학이다 하고 지낸 세월이 덧없어 보였다.

# 아이들의
# 종교와 우상

### 교회를 다니겠다는 아이

대대로 유교와 불교 집안이다. 가까운 혈족에 목사도 계셨고 장로와 권사도 계셨지만, 불행하게도 모두 평탄한 인생을 살지 못했다. 유명 신학교를 졸업한 후 목사를 하시던 집안 아저씨는 납북이 되셨고, 집안 종손으로 장로였던 사촌 형님은 자식 하나 없이 외롭게 사시다 시력까지 잃는 불행을 겪었다.

어머니께서 수도 없이 당부하셨다.

"예수 믿으면 안 된다. 불공을 얼마나 드린 집안인데…. 너희 사촌 형을 봐라. 예수 믿다가 결국 눈까지 멀게 되지 않았느냐."

시력을 잃어가는 그 사촌 형을 따라 교회에 나갔던 형이 고등학교 입시에 떨어지자 또 말씀하셨다.

"봐라. 예수 믿지 말라 하지 않더냐. 조상들이 네 형을 버렸다."

그런 믿음 때문일까. 어릴 적, 어머니는 하루도 빠지지 않고 새벽마다 천수경을 암송하셨다. 우리 식구는 매일 아침 그 소리에 잠을 깼고, 그 소리와 함께 하루를 시작했다. '정구업진언, 수리수리 마하수리 수수리 사바하⋯.'

'예수 믿지 마라'고 어머니가 그렇게 당부하셨건만, 미국 유학 시절 나는 교회를 다녔다. 그야말로 '가볍게' 다녔다. 정착하는 과정에서 한국인 교회로부터 적지 않은 도움을 받았는데 그에 대한 답례라는 마음도 있었다. 그리고 몇 달간 내게 방을 빌려준 미국인 목사로 인해 생긴 여러 가지 의문을 풀고 싶은 마음도 있었다.

진보 성향의 그 목사님은 여러 가지 면에서 궁금증을 자아내게 했다. 평소 기도를 잘 하지 않았는데, 때로 식전 기도조차 하지 않는 그를 보고 사람들이 그 이유를 물으면 이렇게 대답하곤 했다.

"나는 종일 기도한다. 힘없는 사람들 심부름하는 것이 기도이고, 전쟁 하지 말자 시위하는 것이 기도이고, 예수 믿지 않는 사람에게 같이 기도하자 강요하지 않는 것이 기도다."

자유로운 정신, 무엇이 그를 그렇게 만드는지 알고 싶기도 했다.

결혼 후, 아내도 내가 다니던 한국인 교회에 같이 나갔다. 믿음이 조금씩 생기면서 나와 아내 모두 성가대 활동까지 했다. 하지만 그리 오래가지는 않았다. 다닐수록 그 미국인 목사에게서 느끼는 자유로운 정신이 아니라, 어린 시절 어머니로부터 느꼈던 기복신앙祈福信仰의 기운이 더 크게 느껴지곤 했기 때문이었다.

교회에 나가지 않자 인근의 다른 한인 교회 목사님 부부가 심방을 오셨는데, 뜻하지 않게 큰 논쟁을 하게 되었다. '우리 교회는 은혜 받은 교회이니 우리 교회로 오라'는 목사님 말씀에 '은혜 받은 걸 어떻게 아느냐'고 물은 것이 발단이 되었다.

유학생활 마지막 해, 아내는 아르바이트를 나가고 혼자 집에 있을 때였다. 성경 구절에서부터 시작해서 교회사를 거쳐 신의 의지가 있고 없고의 문제에 이르기까지 온갖 것을 두고 믿음과 불신이 부딪혔다. 시간이 조금 흐르자 목사님이 같이 온 사모님에게 이렇게 말했다.
"먼저 가세요. 오늘 아무래도 시간이 좀 걸릴 것 같아."

장장 8시간 가까이 밥도 먹지 않고 논쟁을 했다. 저녁이 되어서야 일어선 목사님, 여전히 힘이 들어간 목소리로 불신의 벽을 조금도 허물지 않고 있는 나를 향해 말했다.

"목사가 되세요. 그러면 큰 목사가 될 겁니다. 하나님이 다 뜻이 있어 이런 불신의 강에 인도하신 겁니다. 이 강을 건너 하나님의 큰 일꾼이 되세요."

하지만 귀국 후 내 마음은 다시 불교 쪽으로 흘렀다. 어머니가 믿고, 또 말씀하시던 기복신앙으로서의 불교가 아니라 원래의 가르침을 찾고 싶었다. 아내 역시 독실한 불교 신자였던 친정어머니와 함께 절에 나가기 시작했다. 각종 불교 공부 모임에도 나가는 등 나와는 비교가 되지 않을 만큼 열심이었다.

그러고 지내기를 한참, 고등학교에 다니는 작은아이가 교회에 다니겠다고 했다. 친구를 따라 교회를 몇 번 갔는데, 성경 말씀이나 목사님의 설교가 자신의 마음에 와 닿는다는 것이다. 또 교회를 다니며 봉사활동도 하고 싶다고 했다.

우선 대학 입시를 앞둔 고등학생이었다. 교회든 절이든 그렇게 쓸 시간이 있을까 걱정되었다. 게다가 너무 큰 것을 기대하고 있는 것 같기도 했다. 기대가 크면 쉽게 실망할 수도 있는 법, 교회에 다니더라도 조금 더 성숙한 생각을 가지고 다녔으면 했다. 그러나 말릴 일은 아니었다. 또 고등학생쯤 되는 아이의 신앙에 대한 생각을 부모가 무엇으로 말릴 수 있겠나.

192

몇 가지 약속해달라고 했다. 그 하나는 의심하면서 믿는 것, 그것을 약속해달라고 했다. 성경 말씀에 '우상을 섬기지 말라' 했는데, 그 우상은 다른 종교나 다른 종교의 상징물이 아니라, 돈과 명예, 그리고 지위와 권력 등 인간이 탐하는 모든 것이 될 수 있다고 했다. 심지어는 목사님의 말씀도 우상이 될 수 있으니, 내가 믿고 있는 것이 진정한 예수님의 말씀이고 진정한 하나님의 말씀인지를 의심할 줄 알아야 한다고 했다.

또 하나, 예수님이든 하나님이든 그 존재를 가볍게 여기지 말라고 했다. 기도하면 복을 주고, 그래서 떨어질 대학에 합격도 시켜주고, 못 벌 돈도 벌게 해주는 그런 정도의 존재로 여기지 말라 했다. 그것이야말로 예수님과 하나님의 존재를 부정하거나, 서낭당의 잡신과 같은 존재로 만드는 일이라 했다.

일요일마다 아이는 교회에 나갔다. 우리 부부는 행여 아이가 늦게 자고 늦게 일어나 교회에 갈 시간을 놓칠까 신경을 썼다. 그야말로 학교에 보내듯 교회 나가게 하는 일에 신경을 썼다. 아이 역시 열심히 다녔다. 집에 와서는 교회에서 들은 이야기를 전하기도 했다.

그런 시간이 제법 오래 계속되었다. 그러다 어느 순간 교회에 나가는 횟수가 줄더니 나중에는 아예 나가지 않게 되었다. 이유를 묻고 싶었으나 묻지 않았다. 결국 아이 스스로 묻고 대답할 일이었다. 다만 한 가지, 한번은 지나가듯 이렇게 이야기했다.

"믿지 않는 사람을 너무 죄인 취급해요. 엄마 아빠만 해도 교회 다니지 않잖아요. 그렇다고 해서 그분들보다 나쁜 사람 아니거든요. 교회 나가지 않으면 죄인이라는 그런 기준을 하나님이 만들었을까요?"

## 의심하면서 믿어라?

그 모습이 어떤지, 그 의지가 어떤지에 대한 확신은 없지만 신神의 존재를 믿는다. 복을 주는 존재가 아니라 내 마음에 두려움을 심어주는, 그래서 나 스스로를 경계하게 하고 닦게 만드는 존재로서 신을 믿는다. 그래서 아이들에게 신앙생활을 권한다. 무슨 종교가 되었건 세상에 대한 경외심을 가지는 데 도움이 될 것이라고 말한다.

그러나 꼭 당부한다. 앞서 말한 것처럼 내가 믿는 것이 참 믿음인가를 의심해가며 믿으라고 한다. 인간의 욕구와 욕심은 끝이 없고, 그래서 수시로 그 욕구와 욕심을 채워줄, 그야말로 자신이 믿고 싶은 자기만의 천박하고 속 좁은 신을 만들어낸다. 그리고 그 위에 예수님의 옷을 입히고 부처님의 옷을 입힌다.

그야말로 죄를 짓는 일이다. 사람의 이름을 도용해 함부로 말하고 행동해도 벌을 받는 판에, 하물며 부처님과 예수님의 이름을 팔아 자신들의 잘못된 믿음을 감추는 것이 얼마나 큰 죄가 되겠는가. 그런 죄를 짓지 말자고 이야기하는 것이다.

어릴 적 생각이 난다. 교회에 나가는 당신의 중학생 큰아들을 방에 잡아가두는 어머니, 기어이 그 문을 열고 교회로 달려가는 아들. 그리고 그 아들은 다시 교회에 못 가게 될까 며칠씩 집에 들어오지도 않았다. 그러다 결국 고등학교 시험도 떨어지게 되었는데, 어머니는 이것을 조상이 화를 낸 것이라며 한탄했다. 힘든 인생을 살다 세상을 떠난 내 형의 비극은 그렇게 시작되었다.

나이가 들면서 형은 결국 교회를 다니지 않게 되었다. 생활이 어려워지면서 오히려 어머니를 따라 절에 나가면서 기도도 열심히 했다. 하지만 사는 형편은 조금도 나아지지 않았다. 세상을 떠나기 얼마 전 다시 자신을 기독교인이라고 이야기했다. 하지만 내 눈에 그것은 힘든 자식들이 당신의 제사를 지내려 애를 쓸까 걱정이 되어 한 것으로 비쳤다.

반면 어머니는 나이가 들어서 교회에 다니기 시작했다. 이유는 알 수 없었다. 말씀도 하지 않으셨지만 굳이 여쭤보지도 않았다. 신앙심이 얼마나 깊으셨는지 모르겠지만 아버지 제사를 모시는 것도 '귀신 놀음'이라고 하시며 거부하셨다. 참으로 낯선 모습이었다.

　지금도 묻곤 한다. 그분들의 믿음은 과연 어떤 믿음이었을까. 무엇이 내 형을 그렇게 만들었을까? 그리고 또 내 어머니를 그렇게 만들었을까? 아이들과 종교에 관한 이야기를 할 때면 이 모든 기억과 의문이 내 마음을 무겁게 한다.

# 의문, 의심, 그리고 정체성

,

고등학교를 졸업하기 직전 머리를 갈색으로 염색한 적이 있다. 아빠는 마음에 들지 않는다는 표정으로 "그게 뭐니" 하셨다. 혼날 것 같은 느낌에서 '개성의 표현'이라 했다. 딱히 그런 이유에서 한 것도 아니었으면서 말이다.

아빠가 말씀하셨다.

"그게 어떻게 네 개성이 돼. 네가 제일 좋아하는 색도 아니고, 네 얼굴에 제일 잘 어울리는 색도 아닌데. 그저 따라가고 싶은 거지."

그랬다. 딱히 왜인지 생각해보지도 않고 연예인 아니면 대학생 언니들을 따라 하면 더 예뻐 보일 것 같은 마음, 아니면 고등학생을 벗어났다는 징표쯤으로 했을 것이다.

아빠는 생각 없이 남을 따라가는 것을 그냥 넘기지 않으셨다. 외모를 가꾸는 일에서도, 옷과 음악 등 유행을 좇는 것에 대해서도 그러셨다. 그냥 좇아가고 싶고, 그냥 무리 중 하나이고 싶은 마음을 이해하셨다. 하지만 그러면서도 억지스럽지 않은 질문으로 내가 좋아하는 것, 내 눈에 예뻐 보이는 것, 내 귀에 좋게 들리는 것, 내가 믿는 것, 그리고 옳고 그름에 대한 판단도 진짜 내 것인가 의심하며 돌아보게 하셨다. 종교에 대해서도 마찬가지셨다. 스스로 의심할 능력과 여유가 있는지 물어보라 하셨다. 그리고 이에 자신이 없으면 함부로 믿지 말라고 하셨다.

그런 말씀들 때문일까, 아니면 세상 사물과 현상에 대해 나 스스로 가지게 된 의문과 의심 때문이었을까? 나는 사춘기 때도 스스로도 잘 이해하지 못하는 반항 같은 것은 하지 않은 것 같다.

# 잠들지 않는 아빠

,

## 귀가시간과 '통금'

우리 사회에는 농경문화와 초기 산업화시대의 전통이 남아 있다. 해가 뜨면 일어나 밖으로 나가고, 해가 지고 밤이 되면 집으로 돌아온다. 당연히 아이들에게도 그렇게 하기를 요구한다. 일찍 들어오라 당부하고, 적어도 밤 몇 시까지는 들어와야 한다는 '통금시간'을 설정하기도 한다.

실제로 밤에 아이들이 늦게 들어오면 걱정이 커진다. 그도 그럴 것이 폭행사건과 상해사건의 60퍼센트 이상이 저녁시간과 밤에 일어난다. 낮에 비해 활동 인구가 현저히 적은데도 그렇다. 교통사고 또한 마찬가지, 낮에 비해 차량 수가 현저히 적음에도 불구하고 사고율은 비슷한 수준이다. 저녁 이후가 되면 사고 위험이 그만큼 커진다는 이야기다.

하지만 낮과 밤의 구별이 앞의 세대만큼 확실하지 않은 젊은이들에게는 이러한 이야기가 잘 통하지 않는다. 특히 자유로운 활동을 하는 젊은이들에게는 더욱 그러하다. 늦게 일어나 늦게 움직이는 게 뭐 그리 잘못된 일이며, 밤새 일을 하거나 노는 게 뭐 그리 큰일이냐는 인식이 있을 수 있다.

우리 아이들 역시 마찬가지였다. 대학 진학 이후 처음 정한 귀가 시간은 밤 10시였다. 그러다 아무래도 무리가 있는 것 같아 11시로 했다. 하지만 이게 그대로 지켜질 리 없었다. 대중교통을 이용해 밤 11시까지 귀가하자면 최소한 10시경에는 일어나야 하는데, 친구들과 어울리는 경우 그때가 한참인 경우가 많다.

결국 수시로 11시를 넘어 들어왔는데, 그때마다 아이들을 야단칠 수도 없는 일이었다. 대학생이 되고 대학원생이 된 아이들을 어떻게 그러겠는가. 때로는 선생님이나 선배들에게 붙들리기도 하고, 오랜만에 만난 친구들에게 붙들려 자신도 어찌하기 힘든 상황도 있지 않겠는가.

그저 걱정을 하며 기다리는 수밖에 없었는데, 그러다 습관이 된 것이 아이들이 귀가할 때까지 잠을 자지 않는 것이었다. 기억하건대 단 한 번도 아이들이 집에 들어오기 전에 잠을 잔 적이 없다. 아니, 딱 한 번 있었다. 큰아이가 결혼을 며칠 앞둔 시점이었다. 이미 내 품을 떠난 아이라고 생각되어서였는지, '통금'시간 전에 잠이 들어버렸다. 그 외에는 정말 없었다. 새벽 1시가 되건 2시가 되건 아이들을 기다렸다.

때로 밤이 너무 늦어지면 전화로 있는 곳을 확인한 후, 차로 그 부근에 가서 기다렸다 데려오기도 했다. 택시 잡기가 쉽지 않고, 그러다 보면 길가에 오랫동안 서 있어야 한다는 생각 때문이었다. 딸들이라 더욱 그랬던 것 같다.

아무튼 자신들이 들어오기 전에는 절대로 잠을 자지 않는 아빠, 아이들 입장에서는 대단한 스트레스였을 것이다. 들어와서는 반드시 귀가 인사를 해야 했고, 그러면서 술을 얼마나 마셨는지 등 자신의 모습을 다 보여주어야 했다. 신경이 쓰이지 않을 수 없었을 것이다. 늦게 들어온다고 야단치면 그만한 이유가 있다고 되받기라도 하겠지만, 아무 말 없이 자지 않고 기다리는 아빠를 어찌할 수도 없었을 것이다.

## 모험과 위험

같은 맥락의 이야기가 되겠는데, 나는 안전과 관련된 문제에 대해서도 좀처럼 양보하지 않았다. 조금만 위험해 보여도 하지 못하게 했고, 조금만 불안해 보여도 가지 못하게 했다. 어쩔 수 없이 하게 되거나 가게 될 때는 만일의 경우에 대비한 갖가지 준비를 하게 했고, 나 자신 또한 다양한 상황에 대해 나름의 대비책을 생각하곤 했다.

얼마 전 큰아이가 나의 이런 면을 꼬집었다. 초등학교 5학년 때 친구들과 롯데월드에 가기로 했는데, 내가 아이들끼리는 절대 못 보낸다고 했단다. 그러고는 결국 따라와서 친구들 입장료와 이용료까지 내주면서 끝까지 같이 있었단다. 아빠가 따라왔다는 사실이 창피했는데, 크면서 '우리 아빠는 저런 아빠구나' 하고 이해하게 되었단다.

다 크고 난 다음, 몇 년 전까지도 비슷한 일이 있었다. 결혼하기 전 작은아이가 친구와 함께 필리핀 여행을 가겠다고 했다. 이미 다 큰 성인이지만 못 가게 말렸다. 하지만 이미 경비까지 다 지불한 상태, 무작정 말릴 수는 없었다.

결국 필리핀에서 일어나는 많은 유형의 범죄에 대해서 이야기를 나누었다. 특히 공항에서 일어나는 셋-업 범죄, 즉 선량한 사람이 범죄를 저지른 것처럼 꾸며 혐의를 덮어씌운 뒤 금품을 요구하는 범죄 등에 대해서는 특별히 조심을 시켰다. 그리고 가이드가 동행하는 여행만 할 것 등을 조건으로 허락했다.

사실 사고를 많이 겪었다. 어려서 산에서 굴러떨어져 머리를 크게 다치기도 했고, 도끼로 나무 찍는 놀이를 하다 손가락 두 개를 잃을 뻔했다. 다행히 하나는 다시 붙였지만 나머지 하나는 결국 결손이 되어 지금도 그 모습 그대로 있다.

대학 시절에는 산악활동을 했는데, 그때의 경험 또한 적지 않다. 50킬로그램도 채 안 되는 체중에 무거운 짐을 지다 보니 여러 차례 무리가 오기도 했고, 암벽 등반을 하다 큰 위험에 놓이기도 했다. 한라산 겨울 등반 중 1미터 앞도 안 보이는 안개 속에서 방향을 잘못 잡은 채 글리세이딩, 즉 썰매 타듯 내려오는 하강을 하다 수백 미터 절벽으로 떨어질 뻔하기도 했다.

얼마 전, 그때 한라산에서 같이 '죽을 뻔'했던 선배를 만났다. 어느 주요 일간지가 '전설의 산 사나이'라는 제목으로 전면 특집기사를 내기도 한 유명 산악인이다. 그 선배의 말이 이렇다.

"맨 앞에서 내려가는데 안개가 순간적으로 걷히면서 절벽이라는 감이 왔다. 정지를 외치며 피켈(곡괭이처럼 생긴 빙벽용 장비)로 제동을 걸고 보니 절벽까지는 불과 몇 미터, 안개가 그렇게 걷히지 않았다면, 또 순간적으로 잘못 판단했더라면⋯."

선배는 지난 일이라 웃으며 이야기했지만 다시 한번 온몸이 오싹해졌다.

남을 크게 다치게 한 적도 있다. 오래전의 일이지만 야간 강의를 하고 집으로 돌아가는 길에 사람을 치었다. 한강대로의 용산우체국 앞, 무단횡단을 하고 있던 행인이 있었는데 옆 차선을 달리던 버스 때문에 이를 보지 못했다. 버스가 경적을 울리며 경고를 하자, 이 행인이 갑자기 내가 달리던 차선 쪽으로 뛰어들었고, 그러면서 빠르게 달리던 내 차에 치이게 되었다.

그 행인은 내 차 뒤로 넘어가 길 바닥에 쓰러졌고 다음 날 새벽까지 의식이 없었다. 나는 몇 시간을 경찰에 붙들려 있다가, 생명에는 지장이 없을 것 같다는 병원 측의 연락을 받고서야 집으로 돌아갈 수 있었다.

전치 26주, 나와 같은 나이의 행인은 목숨을 잃을 뻔했고, 나는 사람을 죽일 뻔했다. 그런데도 사고가 날 당시 나는 차에 충격이 오는 것만 느꼈지 내가 사고를 낸 줄도 몰랐다. 그 행인이 내 차로 뛰어드는 것조차 내 눈에는 보이지 않았다. 그때 다시 한번 알았다. 사고는 때로 일어나고 나서야 사고인 줄 안다는 것을.

이런 경험들 때문일까. 안전과 관련된 문제에서는 다소 유난하다. 한 번의 실수, 한 번의 사고, 한 번의 잘못된 생각이 우리의 인생을 바꾸어놓을지도 모르기 때문이다. 평소 아이들을 포함한 가족 모두에게 말한다. 안전 문제에 관한 한 절대 편법을 쓰거나 건너뛰거나 양보하지 말라고.

때로 걱정이 지나치다는 이야기도 듣고, 모험심이 부족하다는 이야기도 듣는다. 그럴 때마다 이야기한다. 준비가 완벽한 등반가가 더 높은 산을 오를 수 있듯, 걱정을 하고 조심을 하는 만큼 더 큰 모험도 할 수 있다고.

실제로 그렇다. 학교를 선택하고 전공을 선택하는 일, 직업이나 직장을 바꾸는 일, 사업을 시작하고 투자를 하는 일, 심지어 배우자를 만나는 일 등 우리 앞에는 수많은 모험이 놓여 있다. 특히 큰 인생을 사는 사람들에게는 인생 그 자체가 모험이라 할 수 있다. 이런 진짜 모험을 위해서라도 '위험'을 모험으로 착각하거나, 안전을 무시하는 일은 하지 않는 것이 좋다.

# 일하는 엄마
# 따라잡기

### 아이의 오류

모든 부모가 그렇겠지만 아이들은 우리 부부의 전부였다. 기다리고 기다리던 아이들이라 더 그랬을까. 세상의 어떤 표현으로도 우리가 느끼는 감정을 표현할 수 없었다. 무한의 사랑과 무한의 책임감이 온몸을 휘감았다.

무엇보다 어릴 적 내가 느꼈던 불안과 어려움을 느끼지 않게 해주고 싶었다. 또 하고 싶은 일을 잘할 수 있는 아이들로, 또 그러면서 늘 행복을 느낄 수 있는, 몸과 마음이 모두 건강한 아이들로 키우고 싶었다.

그런데 돈이 문제였다. 크게 잘살 이유는 없지만 제대로 된 집은 하나 가지고 살아야 했다. 또 아이를 키우는 데 필요한 지출 정도는 할 수 있어야 했다. 아이들이 어렸던 시절, 달리 무슨 방법이 있겠는 가. 외부 강의도 하고 이런저런 연구에도 참여하는 등 할 수 있는 일을 다 했다. 하지만 그렇게 해도 기본적인 지출조차 감당할 수가 없었다. 할부로 산 집값에다 대구에 계신 어머니 생활비, 그 외 이런저런 고정 지출을 빼고 나면 주·부식비를 걱정해야 하는 상황이었다.

결국 아내가 다시 일을 하게 되었는데, 이게 문제가 되었다. 아이들이 이를 쉽게 받아들이지 않았기 때문이었다. 몸이 불편하지만 그래도 아이들에 신경을 써주는 친할머니도 있고, 입주 도우미 아주머니까지 두었지만 소용이 없었다. 아이들은 늘 엄마를 찾았다.

그러다 한 번 소동이 있었다. 입주 도우미 아주머니가 나가고 출퇴근을 하는 새 도우미 아주머니가 오기 시작할 때인데, 4살짜리 큰아이가 이 아주머니를 집에 들어오지 못하게 하는 것이었다. 아주머니가 들어오는 소리가 나면 현관으로 달려가 온 힘을 다해 밀어내었다. 울고불고, 때로는 까무러치지 않을까 걱정이 될 정도로 소동을 벌였다.

처음에는 아주머니를 의심했다. 혹시 우리 부부가 없는 사이에 아이들에게 나쁜 짓이라도 하나 생각했다. 그러나 아무리 봐도 그럴 사람이 아니었다. 왜 이럴까? 걱정 중에 불현듯 떠오르는 게 있었다. '맞아. 그럴 수 있어. 엄마가 출근을 하지 않았으면 하는 것이고, 그러려면 아주머니를 못 오게 해야 하는 것이야.'

정책을 공부하는 사람들이 말하는 '제3종 오류', 즉 문제 자체를 잘못 이해해서 엉뚱한 대안 내지는 해법을 찾는 경우였다. 4살짜리 우리 아이만 범하는 잘못이 아니라 구멍가게를 하는 동네 아저씨부터 대통령이나 대기업 회장에 이르기까지 결정 행위를 하는 사람 누구나 범할 수 있는 오류다. 이를테면 기업에 대한 정부 간섭이 심해 경제가 나빠지고 있는데, 경제가 나쁘다는 이유로 기업을 더욱 옥죄는 것과 같은 일이다.

어쨌거나 아이들에게 문제가 그렇지 않다는 걸 이해시켜야 했다. 방법은 간단했다. 엄마가 먼저 나간 후 아주머니가 들어오게 하기를 며칠, 아이는 소동을 멈췄다. 불과 1~2분이지만 엄마 아빠가 다 나가고 없는 집에서 아이의 마음이 어떠했겠는가. 도우미 아주머니 때문에 엄마가 나가는 게 아니라는 걸 금방 알아차렸을 것이다. 문을 열고 들어오는 도우미 아주머니가 오히려 구세주처럼 여겨졌을 수도 있다.

하지만 그것 가지고 되겠는가. 시간을 비교적 자유롭게 쓰는 교수라 가능한 일이었겠지만, 한 번씩 아이들을 데리고 아내의 직장 근처로 가서 퇴근하는 아내와 함께 집으로 돌아오곤 했다. 또 때로 점심시간에도 데리고 나가 엄마와 같이 점심을 먹곤 했다. 엄마가 늘 같이 있지는 않지만 접근 가능한 곳, 그리고 언제든 가서 볼 수 있는 곳에 있다는 확신을 심어주기 위해서였다.

## 계속되는 '오류'

이왕 '제3종 오류' 이야기를 했으니 몇 마디 더 보태자. 사실 이런 종류의 일은 의외로 자주 일어난다. 우리 아이들이라 하여 예외가 아니었음은 물론이다. 이를테면 몸이 불편한 동생에게 신경을 쓰느라 언니에게 조금 소홀하면 언니는 엄마가 자기보다 동생을 더 예뻐하는 것으로 받아들였다. 또 엄마 아빠가 좋지 않은 표정을 지으면 아이는 그것이 자신이 뭔가 잘못해서 일어난 일로 받아들이곤 했다.

제법 큰 다음에도 마찬가지였다. 비슷한 일이 적지 않게 일어났다. 예를 들면 IMF 외환위기가 막 시작되던 시절, 집중해서 써야 하는 논문이 있어 두어 달 집에서 작업을 하고 있었다. 학교는 강의가 있을 때만 나갔다가 바로 돌아오곤 했다.

그런데 초등학교 5학년인 둘째 아이의 표정이 영 좋지 않다. 왠지 불안해 보였는데, 처음 며칠은 친구들 사이에 무슨 일이 있는 정도로 생각했다. 그런데 그게 아니었다. 시간이 제법 흐른 다음에도 별 변화가 없다. 걱정이 되어 무슨 일이 있는지 물어보기도 했지만, 제대로 대답을 하지 않았다. 그러다 지나가듯 아이는 "아빠, 학교도 사람 잘라요?"라고 물었다. 갑자기 '쿵' 한 방 맞은 것 같았다. '아, 이것 때문이었구나.'

매일같이 사람을 해고하는 뉴스가 쏟아지고 있을 때였다. 해고된 후 가족들에게 말도 하지 못한 채, 아침마다 집을 나와 거리를 배회하는 사람들 이야기까지. 그런데 무슨 일인지 아빠는 학교에 잘 나가지 않고…. 얼마나 걱정이 되었을까. 별 생각을 다 해보았을 것이다.

아이와 한참을 이야기했다. 아빠는 해고되지 않았다는 이야기뿐만 아니라 IMF 경제위기가 온 배경, 그리고 우리 경제의 기본이 뉴스에서 말하는 것만큼 나쁘지 않으니 오래가지 않아 나아질 것이라는 이야기 등을 해주었다. 아이의 표정이 달라졌음은 말할 필요도 없다.

문제를 잘못 인식하는 이러한 오류들이 아이에게 좋을 리 없다. 문제의 구조를 제대로 파악하는 능력과 해법을 찾는 능력 등을 저하시키고, 세상의 이치를 바르게 이해하는 것을 막는다. 당연히 그때그때 그렇지 않다고 설명해주는 것이 중요하고, 아이가 바르게 인지하고 느낄 수 있는 방법을 찾아주는 것도 중요하다.

얼마나 잘했는지는 모르겠지만, 어쨌든 우리 부부는, 특히 아빠인 나는 이런 문제에 적지 않은 관심을 두었다. 변화가 심한 사회일수록 어른 아이 할 것 없이 이러한 오류, 즉 문제를 잘못 이해하는 제3종 오류를 범한 가능성이 더 커지기 때문이다. 그리고 그것이 우리 아이들의 인생을 바꾸어놓을지 모른다는 생각 때문이었다.

# 위인과
# 위인전의 역설

,

### 위인이 세상을 바꾼다?

흔히들 아이들에게 위인전을 권한다. 하지만 우리 부부는 그러지 않았다. 전집이든 단행본이든 일부러 사서 읽힌 기억이 없다. 그러다 보니 집에 그런 종류의 책 자체가 별로 없다. 역사 관련 서적들이 적지 않은 것과는 대조적이다.

왜 그랬을까? 위인의 존재나 그 위대함을 부정해서였을까? 그건 아니었다. 역사에는 분명히 남다른 의지와 노력으로 위대한 업적을 남긴 큰 인물들이 존재한다. 그 위대함에 경의를 표할 이유가 있고, 때로는 인생의 벤치마크로 삼아야 할 이유도 있다.

이런 큰 인물의 인생을 정리한 책으로서 위인전의 가치를 부정해서도 아니었다. 험하고 어려운 길을 간 위인들의 모습을 통해 아이들에게 긍정적 사고와 자신감을 심어줄 수 있고, 인간의 의지와 노력이 얼마나 중요한지를 가르칠 수도 있다. 또 많은 위인이 국가와 사회 등 공적 가치를 위해 일했던 바, 그러한 가치의 중요성을 일깨워줄 수 있다.

하지만 여전히 아이들에게 위인전을 덥석 쥐여주지는 않았다. 결론부터 이야기하자면, 위인전보다는 역사책을 권했다. 학교에서 숙제로 나오는 등 어쩔 수 없이 읽어야 하는 경우에도 가능하면 그 시대의 역사를 먼저 이야기해주곤 했다. 위인을 알기 전에, 그 위인이 살았던 시대에 대한 큰 그림을 머릿속에 넣었으면 해서였다.

위인전은 특성상 주인공인 위인을 부각시킬 수밖에 없다. 그러기 위해 주변을 작게 그리거나 음영 처리해야 한다. 이 과정에서 주변 인물들이나 동시대의 중요한 인물들의 역할을 소극적으로 언급하거나 부정적으로 묘사하는 경향이 있다. 특히 위인에게 부정적인 태도를 보인 인물들은 사정없이 격하된다. 위인을 부각시키기 위한 제물이 되는 셈인데, 이것도 왜곡이라면 왜곡이다.

같은 맥락에서 기술의 발달이나 정치사회적 환경의 변화 등 사회

변화를 일으키는 다른 변수들을 가볍게 처리하기도 한다. 이를테면 전쟁 영웅의 위대한 승리를 기록하면서, 그 승리를 가능하게 하는 무기 기술의 발달이나 전쟁을 지지하는 정치적 환경 등에 대한 설명을 건너뛰는 경우 등이다.

그러나 세상은 그렇게 단순하지 않다. 예나 지금이나 위인 한두 사람이 역사를 바꾸어놓는 식으로 돌아가지 않는다. 위인의 위대함이 있었다고 하더라도, 그 바탕과 배경에는 그 시대 나름의 정치·경제·사회적 상황과 많은 사람의 노력이 있다. 위인전을 덥석 쥐여주지 않거나, 위인을 이야기하기 전에 역사를 이야기하는 것은 아이들이 이러한 부분들을 놓치지 않았으면 해서다.

유학 시절의 일로 쉽게 잊지 못하는 일이 하나 있다. 어느 교수가 낸 4시간짜리 시험문제인데, 터빈엔진의 발달이 국가와 공공행정의 발전에 끼친 영향을 설명하라는 내용이었다. 아니, 터빈엔진과 국가와 공공행정의 발달이라니? 하지만 금세 이 황당한 문제의 출제 의도를 알게 되었다. 크게 보면 '기술결정론', 즉 기술의 발전이 세상을 바꾼다는 이야기와 관련된 질문이었다.

쓸 것이 너무 많았다. 증기터빈의 발달이 산업화와 도시화를 촉진하고, 또 그것이 국가행정 수요를 변화시키고, 이것이 다시 공공행정의 전문성을 높이는 계기가 되면서 직업공무원제 도입의 배경이 되고, 또 산업화 과정에서 빈부격차가 커지고, 그러면서 복지정책 등 국가의 사회정책 영역이 확대되고….

달리 하는 이야기가 아니다. 역사는 위대한 사람 한둘에 의해서가 아니라, 기술의 발달을 포함한 수많은 요소에 의해, 또 수많은 사람의 다양한 노력에 의해 만들어지고 있음을 이야기하는 것이다. 일종의 우스갯소리지만 여성해방도 그 많은 여성해방 운동가에 의해서가 아니라, 자동 식기세척기와 세탁기, 그리고 진공청소기에 의해 이루어졌다고 하지 않는가.

## 위인전 뒤집기

영화나 만화로, 또 게임으로 아이들은 늘 영웅의 이야기를 접하고 산다. 우리 아이들을 키울 때도 마찬가지였다. 슈퍼맨 같은 영웅의 이야기가 넘치고 있었고, 그러다 보니 위인전 읽히기가 더욱 겁이 났다. 행여 위인이나 인물 중심의 역사관에 함몰되지 않을까 걱정이 되어서였다.

그래서 앞서 이야기한 대로 역사 이야기를 해주었는데, 그 과정에서 위인전과는 다른 이야기를 해주기도 했다. 예를 들어 아이들이 링컨 이야기를 하면서, 노예들의 참혹한 상황을 보다 못한 그가 남북전쟁까지 해가며 노예를 해방시켰다고 하면, 그렇게 단순하게만 보면 안 된다는 이야기를 해주는 것이다.

실제로 그런 점이 없지 않았다. 우선 링컨은 보편적 인권론자, 즉 인종과 관계없이 모든 인간이 같은 권리를 누려야 한다는 생각의 소유자는 아니었다. 노예를 해방시키더라도 이들을 아프리카나 중미로 보내 식민지를 개척하게 해야 한다는 생각을 했고, 미국에 남아 있더라도 배심원과 같은 공무를 담당하게 하거나 투표권을 행사하게 해서는 안 된다는 생각을 했다.

노예제도 폐지에 있어서도 즉각 폐지해야 한다는 사람들과는 분명히 다른 입장을 가지고 있었다. 일단 노예제도가 남부 이외의 지역으로 확대되지 못하게 하면서 시간을 가지고 점진적으로 해결해 나가는 방안을 오랫동안 이야기했었다. 그리고 연방정부가 노예 소유주에게 현금 보상을 하는 방안 등을 고민하기도 했다.

남북전쟁도 그렇다. 결과적으로 노예해방 전쟁이 되었지만, 원천적으로 농업지역인 남부와 공업지역인 북부의 이해관계가 얽힌 전쟁이었다. 다수설은 아니지만 링컨의 '노예해방 선언Emancipation

Proclamation'은 남북전쟁 중에 선포된 것으로, 이 전쟁을 승리로 이끌기 위한 전략 차원에서 나온 것이라는 설도 있다. 즉 노예들을 자극함으로써 남부를 더욱 불안하게 하고, 경계를 넘어 북부로 도주한 노예들을 전쟁에 투입하기 위한 것이었다는 주장이다.

사실 남북전쟁 이전, 남북 간의 산업적 이해관계 대립은 극한 상황으로 치닫고 있었다. 하나의 예가 되겠지만 미국 연방의회는 영국 등 유럽산 공산품에 높은 관세를 부과하는 법률을 통과시켰다. 북부의 공산품을 보호하기 위한 조치였는데, 이를 수출하는 영국 등 유럽 국가들이 반발한 것은 당연한 일. 이들 국가들은 미국 남부의 농산물에 대해 보복관세를 부과하였다. 결국 피해는 남부로 돌아갔고, 이에 남부는 이 법을 통과시킨 연방의회와 북부에 대해 격앙할 수밖에 없었다.

남부도 북부도 서로 양보할 수 없는 이런 일들이 하나하나 쌓여갔고, 그러면서 전쟁의 기운도 점점 더 높아졌다. 연방정부의 법률을 주州가 그 주의 경계 내에서 무효화nullification할 수 있다는 무효화 이론을 놓고 남북이 격돌하기도 했고, 이런 과정에서 여러 차례 군사적 충돌이 일어날 뻔하기도 했다.

아이들이 이런 이야기들을 어떻게 다 알아들을 수 있었겠는가. 하지만 그래도 괜찮았다. 최소한 링컨이 노예해방의 유일한 영웅이 아니고, 또 노예해방이 링컨의 선의에 의해서만 이루어진 것이 아니라는 뜻을 느끼게만 해주어도 그만이었다.

링컨과 같은 위인의 선의나 업적을 폄하하기 위한 것이 아니었음은 물론이다. 세상사 돌아가는 것이 그만큼 복잡할 뿐만 아니라, 역사라는 것이 한 사람의 위대함으로 만들어지지 않는다는 것을 분명히 해주고 싶었던 것이다. 홀로 위인이 되어 이 세상을 바로잡겠다고 생각하는 것도, 또 막연히 위인이 나타나기를 기다리는 소극적인 사람이 되는 것도 경계하고 싶었던 것이다.


## 거짓 영웅, 거짓 위인


우리 사회에서는 영웅이나 메시아를 기다리는 분위기가 넘친다. 위대한 누군가가 나타나 이 나라를 어떻게 해주었으면 한다. 너와 내가 무엇을 어떻게 해야 하는지에 대한 이야기는 뒤로 가 있다.

같은 맥락에서 어떤 문제를 풀어야 하느냐에 대한 이야기들도 뒤로 가 있다. 산업구조의 개편과 노동개혁, 그리고 인력양성체계 개혁 등 풀어야 할 과제가 태산같이 쌓여 있지만 이에 대한 고민이 별로 없다. 모든 것은 위대한 누군가가 나타나면 끝이 날 일, 그래서 누가 그 위대한 사람인지, 또 누가 대통령이 되어야 하는지 등의 이야기만 난무한다.

인물 중심의 역사관이나, 위인 중심의 역사관이 판을 친 결과인데, 정치집단은 이런 분위기에 올라타 서로 자신들이 바로 그 영웅이자 메시아라 외친다. 그러면서 좋은 것과 원하는 것을 다 이루어줄 것처럼 이야기한다. 실제 그럴 수 있는 능력이 있으면 얼마나 좋으련만 그렇지가 않다. 문제의식도 대안도 없이, 국민의 막연한 기대에 이들 또한 그냥 막연히 그렇게 외치는 것이다.

권력을 잡고, 실제로 문제를 풀어야 하는 상황이 되어서야 이들 거짓 영웅과 거짓 메시아의 정체와 실력이 드러나게 된다. 아무것도 할 수 없는 이들, 립 서비스와 보여주기 식의 국정만 하거나 국가 재정만 쏟아붓는다. 기대는 무너지고 약속은 깨어지고, 결국은 이 거짓 영웅과 메시아는 불행한 종말을 맞는다.

개인의 불행이 아니라 국가적 불행이다. 풀어야 할 과제에 대한 고민을 뒤로 한 채 막연히 영웅과 메시아를 기다리는 국민과 아무런 준비도 답도 없이 그 위에 올라타 거짓 영웅이나 거짓 메시아 행세를 하는 정치집단이 물고 물리면서 만들어내는 국가적 불행의 악순환이다.

어디서 이 불행의 고리를 끊을 것인가. 아이들을 키우는 사람으로서, 또 이 아이들의 미래를 위해 묻곤 했다. 이 아이들을 스스로 영웅이나 메시아가 되겠다는 사람이 아니라, 또 막연히 영웅과 메시아를 기다리는 사람이 아니라, 우리 사회가 풀어야 할 과제를 함께 고민하는 시민이 되게 할 수는 없을까?

# 예쁜 영어 이름
# 짓기?

## 부르기 힘든 이름

당연한 이야기가 되겠지만 미국 사람들은 우리의 이름을 잘 발음하지 못한다. 애를 써서 불러도 발음이 이상하거나 억양이 이상하다. 나의 경우도 내 이름을 비교적 정확히 발음하는 사람은 유학 시절의 지도교수를 포함해 불과 몇 사람뿐이다. 나머지는 잘못 부르거나 줄여서 부른다.

우리도 마찬가지다. 외국인의 이름을 정확하게 부르지 못해 민망할 때가 있다. 실제로 미국 대학 조교 시절, 학부 강의를 하면서 출석을 부르는데 이 일이 고역 중의 고역이었다. 수없이 연습을 하곤 했지만 여전히 어색했고, 때때로 학생들 사이에 묘한 웃음이 번지곤 했다. 우리말로 치면 '김영철' 할 것을 '김욘촐'이라고 하곤 했을 것이다. 지금도 그 잘못된 발음에도 불구하고 정중히 대답을 해준 학생들에게 감사한다.

첫 안식년으로 미국에 가 있을 때의 일이다. 초등학교 3학년인 큰 아이가 영어를 제법하게 되더니 미국 이름을 지어달라고 졸랐다. 선생님과 미국 친구들이 자신의 이름을 너무 이상하게 부른다는 것이다. 비슷하게라도 부르면 좋겠는데 그것도 아니라고 했다.

사실 발음하기가 쉽지 않은 이름이었다. 적지 않은 사람들이 영어로도 쉽게 발음되는 이름을 짓곤 했지만, 우리는 미처 그러지 못했다. 그저 집안의 돌림자 등을 생각하기에 바빴다. 끝자가 '흔'이고 영어로는 'heun'으로 썼는데, 미국 아이들이나 선생님들은 이를 '훈'이라 발음하는가 하면, 'ㅇ' 받침ng이 들어가 있는 중간 이름자의 끝자인 'g'를 붙여 '쿤gheun'이라 발음하곤 했다.

하지만 이유가 단지 그것만은 아닌 것 같았다. 아이들 마음이 왜 안 그렇겠는가. 이런저런 대안을 내어놓는 것으로 보아 예쁜 미국 이름을 하나 가지고 싶은 마음도 있는 것 같았다. 큰아이가 조르니 작은아이도 마찬가지였다. 비교적 쉬운 발음의 우리 이름을 가지고 있었지만 미국 이름을 가지고 싶어 했다.

아이들 마음을 이해할 수 있었다. 또 굳이 지어주지 않을 이유도 없다고 생각되었다. 그래서 먼저 학교 선생님들께 물었다. 한국으로 돌아가야 하니 서류상 한국 이름을 유지해야 하는데, 그러면서도 선생님과 친구들이 일상적으로 부를 영어 이름을 하나 지어줘도 되겠느냐고. 선생님들 말씀이 아무 문제 없다고 했다.

그다음, 아이들이 좋아하는 이름 몇 개를 들고 유학 시절의 지도 교수를 찾아갔다. 아버지 같은 분이니 상의를 하는 것이 도리라 생각했다. 그런데 그 반응이 놀라웠다. 말을 꺼내기가 무섭게, "I don't think so"라고 정색을 하며 미국 이름을 짓지 말아줬으면 한다며 이렇게 말했다.

"이제 미국 사람도 다른 나라, 특히 동양의 여러 나라를 정확히 알 때가 되었다. 그런 면에서 네 아이들은 미국 아이들에게 많은 기여를 하고 있다. 한국이라는 나라의 존재를 알려주고, 미국과는 또 다른 내용의 문화를 전달하고 있다. 아이들의 한국 이름 또한 미국 아이들에게는 귀한 경험이 될 수 있다."

이어 말했다.
"미국 사람으로서 부탁한다. 미국 이름을 짓지 마라. 다소 불편하더라도 미국 아이들이 그 이름의 특이함을 경험하게 해주면 좋겠다. 틀린 일은 바로잡아야 되지만 이것은 틀린 일이 아니지 않느냐. 또 미국에 계속 살거나, 미국인을 상대로 비즈니스를 한다면 편의상 그렇게 한다고 하지만 그것도 아니지 않느냐."

그리고 나를 꼼짝 못하게 만든 말씀.

"오히려 그 이름 속에 한국의 역사와 문화가 담겨 있고, 가족들의 기대와 바람이 담겨져 있다는 것을 미국 아이들에게 알려주었으면 한다. 내가 네 이름이 가진 뜻과 무게를 알기에 더 정확하게 발음하기 위해 노력하듯이, 네 아이의 미국 친구들도 그 뜻과 무게를 알면 더 정확히 발음하기 위해 노력하게 될 것이다. 또 그렇게 해서 두 나라는 더욱 가까워질 수 있다."

짧은 대화였지만 가슴이 울렸다. 우리는 어떨까? 다른 문화에 대해 얼마나 큰 관심을 가지고 있을까? 특히 우리보다 못하다고 생각되는 나라의 문화에 대해 얼마나 진지한 접근을 하고 있을까? 머리가 무거워졌다.

집으로 돌아와 아이들과 이야기를 했다. 지도교수가 하신 말씀에 더해 우리 문화에서 이름이 가지는 의미, 그리고 아이들 이름을 지을 때의 마음 등의 이야기를 더했다. 그리고 물었다. 미국 이름을 가지고 싶으냐고, 그래도 가지고 싶으면 지어주겠다고. 아빠의 마음을 읽은 아이들이 대답했다. 우리 이름을 그대로 쓰겠다고.

예쁜 이름에 대한 기대를 접게 만든 것이 미안했다. 불편한 이름을 부르느라 '고생'하는 선생님과 미국 아이들에게도 미안한 마음이 들었다. 하지만 그 불편의 의미를 알아서일까. 이후 몇 년간 아이들은 미국에서 여름 캠프에 가면서도, 또 일본에서 외국인 학교에 다니면서도 미국 이름을 짓겠다는 말을 더 이상 하지 않았다.

## 캠퍼스의 외국인 학생들

요즈음 대학 캠퍼스에는 외국 학생들이 넘친다. 오후 늦게 수업들이 종료될 때가 되면 여기가 한국인지, 아니면 중국 등 다른 나라인지 구별이 안 될 정도다. 한국 학생들은 귀가를 하는 반면, 이들은 캠퍼스에 남아 삼삼오오 어울리고 있기 때문이다. 들리는 게 중국어 등 외국어들이다.

수업에도 꼭 몇 명이 있다. 중국 학생, 몽골 학생, 베트남 학생, 네팔 학생…. 이들의 이름을 부르기가 쉽지 않다. 중국 학생의 경우는 좀 낫지만 나머지 나라 학생들의 경우는 어디까지가 성이고, 어디부터가 이름인지조차 구별이 안 되는 경우가 많다.

미국에서의 경험 때문인지 모르겠지만 이들 학생들에게 비교적 자세히 묻는다. 어디까지가 성이고 어디부터가 이름인지, 또 내가 하는 발음이 제대로 된 건지 확인한다. 특히 첫 수업이나 두 번째 수업에서는 이름을 몇 번씩 되풀이하여 발음해보기도 한다. 같이 수업을 듣는 학생들도 그렇게 발음해주었으면 좋겠다는 뜻에서다.

때로 우리에게 다소 이상하게 들리거나, 우리말의 다른 무엇을 연상시키는 이름들도 있는데, 이럴 때는 천천히, 더욱 정중하게 이들의 이름을 부른다. 한국 학생들에게 이름을 가지고 웃거나 장난치지 말라는 뜻을 전하기 위해서다. 또 개인적으로 마주 볼 일이 있으면 이름에 어떤 의미가 담겨 있는지 묻기도 한다. 관심이 있어서이기도 하지만, 그들에 대한 예의라 생각해서다.

사실 모두들 바삐 살다 보니 외국에서 온 사람들, 특히 우리 주변에서 어려운 일을 하는 사람들의 존재를 잊어버리고 산다. 늘 접하면서도 이름 하나 기억하지 못한다. 심지어 어느 나라에서 온지도 모르는 경우가 많다. 그저 돈을 벌러 와서 허드렛일을 하는 사람들로만 알고 있다.

그들도 그들의 나라가 있고, 문화가 있고, 삶이 있다. 이름 하나에도 많은 문화적 의미와 역사적 의미가 담겨 있을 수 있다. 그들을 통

해 많은 것을 새롭게 알고 느끼고 할 수 있을 터인데, 우리 스스로
그런 기회를 많이 놓치고 있는지도 모른다.

# 영어 이름

,

내 이름은 외국 사람이 발음하기 어렵다. 하지만 미국생활을 하면서도 나와 내 동생은 그 이름을 고수해야 했다. 어린 나이에 디즈니 공주님 같은 예쁜 영어 이름이 얼마나 갖고 싶었겠는가. 하지만 아빠는 허락하지 않았다.

"너에게 영어 이름들이 낯설고, 그래서 예쁘게 느껴지는 것처럼, 미국 친구들도 너의 한국 이름을 예쁘게 느낄 수 있어."

그런데 정말 재미있는 일이 벌어졌다. 미국 친구들은 내 이름을 제대로 발음하기 위해 애썼고, 이렇게 발음하는 것이 맞느냐고 계속 물어왔다. 이름 첫 글자가 집안의 돌림자여서 나와 동생의 이름이 비슷할 수밖에 없는데, 미국 친구들에게는 이것도 신기한 모양이었다. 왜 그렇게 비슷하냐고 묻는 친구들도 많았다.

하루는 놀이터에서 한 친구에게 한국 이름에 대한 이야기를 해주는데, 다른 친구들이 우르르 모여 내 이야기를 들었다. 이런 모든 일이 내게는 내가 중심이 된, 또 내가 주인공인 놀이 같았다.

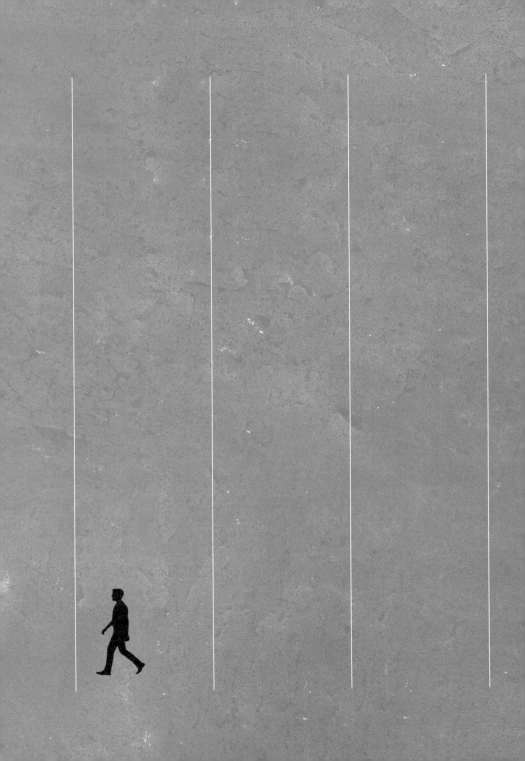

# PART 4

# 딱한 부모들

## 돈과 권력

# 딸 가진 '죄',
# 딸로 태어난 '죄'

,

아, 그래 딸이지, 딸

기다리고 기다리던 아이들이었다. 딸이면 어떻고 아들이면 어떠
냐. 그저 기쁘고 반갑고 고마웠다. 조금 과장되게 이야기하자면 내
아이들이 딸이고, 그래서 남자가 아닌 여자로 한평생을 살아가야
한다는 생각을 하지 못했다.

그러던 어느 날 '충격적인' 일이 일어났다. 유치원에서 돌아온 둘
째 아이가 이제 유치원을 안 가겠다는 것이다. 무슨 일이 있었느냐
물었더니, 화가 채 가시지 않은 표정으로 말했다.

"여자는 의사 하면 안 돼?"

"왜 안 돼. 여자 의사 선생님들 많이 봤잖아."

"그런데 선생님이 여자는 간호사 해야 한대. 병원놀이 할 때 의사하고 싶었는데, 선생님이 끝까지 못하게 했어요. 그래서 의사는 전부 남자애들이 하고, 여자애들은 전부 간호사 했어."

아찔했다. 무슨 이유가 있을 거라 얼버무렸지만 내 속은 전혀 그렇지 않았다. '그래, 내 아이들이 딸이었지' 하는 생각에 당혹해 했고, 그러면서 그러한 차별에 대해 화가 일기 시작했다. '어떻게 이럴 수가 있어.'

며칠 뒤 아이도 아내도 모르게 유치원으로 전화해서 따졌다.
"어느 직업이 더 낫다는 이야기가 아니다. 내 딸아이가 꼭 의사 역할을 했었어야 한다는 말도 아니다. 왜 남자, 여자 구별을 하고, 그에 따라 아이들의 선택을 제한하느냐. 나는 내 아이가 여자라는 이유만으로 스스로 자신의 사회적 역할을 제한해나가도록 하고 싶지 않다. 그렇게 만드는 교육도 받지 않았으면 한다."

몹시 당혹해하는 선생님, 하지만 그 선생님의 대답이 나를 한 번 더 아찔하게 했다.
"그렇게 하면 안 된다는 걸 왜 모르겠어요. 문제는 남자아이들에게 간호사 역할을 시키면 그 아이들 부모들이 가만 있지 않아요. 왜 멀쩡한 우리 아들을 간호사 시키느냐고, 남자아이한테 간호사가 뭐냐고, 야단이 나요. 그렇다고 의사만 있고 간호사 없는 병원놀이를 할 수는 없으니 어쩔 수 없이 그렇게 하는 것입니다."

힘이 쭉 빠졌다. 뭘 더 이야기하겠나. 그냥 한마디 하고 전화를 끊었다.

"그래도 이건 곤란하다. 성性에 따른 역할이 따로 있다고 가르쳐서야 되겠느냐. 상황이 그러면 차라리 병원놀이는 하지 않는 게 옳겠다."

며칠 뒤, 친구들과 밥을 먹으면서 이 이야기를 했다. 친구 하나가 위로하듯 말했다.

"뭘 그리 신경 써. 딸은 말이야, 예쁘게 키우기만 하면 돼. 시집 잘 가면 끝이야. 게다가 공부 좀 못해도 시집은 잘 갈 수 있잖아. 소위, 세컨드second 찬스도 있는 거지. 나는 아들만 둘인데, 공부는 제대로 하고 있는지 매일 불안불안이야. 이 애들은 잘못되면 기회가 없잖아. 장가 잘 가면 된다고 하지만, 처갓집에 매여 있는 꼴을 어떻게 보겠어."

다 듣기도 전에 다시 한번 힘이 빠졌다.

'그래, 내 아이들이 딸이구나. 사회적 역할이 제한될 수밖에 없고, 자신의 역량과 관계없이 시집 잘 가느냐 못 가느냐에 따라 인생이 결정되는 그런 존재구나.'

그러면서 얼마 전 선배 교수들끼리 교수 채용에 대해 이야기를 하던 장면이 떠올랐다. 누군가가 이제 여교수도 한 사람쯤 뽑아도 좋지 않느냐고 했다. 그리 심각한 제안도 아니었지만 바로 강한 반론이 제기되었다. '외박을 하지 못하니 학생들과 MT나 졸업여행을 갈 수 없다. 속이 좁아 이야기가 안 된다. 회식 자리에서 편하게 이야기를 할 수 없다. 늦게 나오고 일찍 들어가니 되는 일이 없다.' 이야기를 꺼낸 교수도 그랬다.

"하긴, 아직은 좀 그래." 그러면서 던지는 말, "결혼하지 않고 혼자사는 여자면 몰라도."

공연히 억울한 생각이 들었다. 결혼생활과 사회생활은 양립하기 힘이 든다? 그래서 딸은 시집 잘 보내는 게 제일이다? 딸 키우는 사람 입장에서는 참으로 받아들이기 힘든 이야기다. 왜 내 딸들이 결혼과 동시에 그 삶을 배우자에게 의탁해야 하는가. 행복한 결혼생활을 하면서 스스로의 삶을 책임질 수 있는 길은 없는가.

달리 무슨 방법이 있겠나. 세상이 이러니 그만큼 더 큰 역량을 가질 수 있도록 키우는 수밖에. 그래서 이런 이야기를 들을 때마다 생각했다. 누구를, 또 어떤 사람을 배우자로 만나더라도 스스로 두 발로 서서, 스스로를 책임지며 살아갈 수 있도록 하겠다고. 뜻대로 되건 안 되건 말이다.

# 여전히 치러야 하는 '죗값'

그로부터 30년이 흐른 지금, 세상은 많이 변했다. 우선 여성의 역량에 대한 편견이나 직종에 있어서의 구분과 차별도 많이 없어졌다. 남자 간호사가 크게 이상해 보이지 않고, 여자 사관생도가 특별해 보이지 않는다. 여교수 뽑는 것이 말이 안 된다고 했던 그 대학의 그 학과에도 이제는 두 명의 여교수가 채용되어 있다.

법과 제도의 변화는 더 말할 것도 없다. 사회 곳곳에서 여성 차별을 금지하고 있고, 쿼터를 정해 여성을 우선 채용하게 하는 제도도 마련되어 있다. 또 육아휴가 제도와 시간제 근로제 등 여성이 일하기 편한 환경이 만들어지고 있다.

그래도 현실은 여전히 어렵다. 법과 제도만의 문제도 아니고, 하루아침에 확 바뀔 수 있는 관행과 문화도 아니기 때문이다. 우리 큰아이의 상황도 그렇다. 유학을 권하고 싶었지만 대학원 석사과정을 마친 후 결혼을 하게 되면서 결국 그 생각을 접었다. 이미 사람이 정해져 있는 상황, 유학을 마친 뒤로 결혼을 미룰 수도 없고, 그렇다고 결혼을 한 후 서울에서 일하는 남편을 두고 혼자 유학을 갈 수도 없는 입장이었기 때문이다.

말은 쉽게 할 수 있다. 당분간 방학 때 만나 같이 지내면 되지 않느냐고. 하지만 공부도 결혼생활도 그리 간단한 게 아니다. 아이에게 권했다. 가족은 같이 지내야 한다고, 유학을 포기하고 결혼을 하라고. 결혼을 하고 아이를 낳고 키우면서 달리 할 일을 찾아보자고. 아이도 그것을 원했고, 결국은 그렇게 정리되었다.

결혼 후의 출산과 육아 부담은 더 큰 문제였다. 첫아이가 어렵게, 약하게 태어난 경우라 더욱 그러했는데, 엄마 손이 가야 하는 것이 한둘이 아니었다. 원하건 원하지 않건 아이 둘을 키우는 주부가 될 수밖에 없었다. 지금도 아침이면 두 아이의 손을 잡고 학교로, 또 유치원으로 데려다준다. 그리고 방과 후엔 데리고 와 같이 지낸다.

둘째는 영국에서 석사를 마친 후 박사과정 중에 귀국했다. 영국생활이 쉽지 않기도 했지만 이대로 두었다가는 혼기를 놓치게 될 것이라는 엄마의 걱정 때문이었다. 엄마의 희망대로 곧 결혼을 하게 되었고, 지금은 국내 대학에서 박사학위 논문을 쓰고 있다. 이제 막 첫아이를 출산했는데 그에 따른 제약이 있지 않을까 걱정이다.

정성 들여 기르고 가르치고 했지만 딸 낳은 '죄'와 딸로 태어난 '죄'에서 모두 벗어나지 못한 기분이다. 하지만 아직도 두 딸에게 이렇게 이야기한다. 자식을 잘 키우고 가정을 잘 가꾸는 것이 세상

무엇보다 중요하다고. 하지만 그 자식들로부터 조금이라도 자유로워지면 어떡하든 하고 싶은 사회활동을 하라고. 여자라는 이유로, 또 엄마라는 이유로 자신의 삶을 소극적으로 규정하지 말라고.

# 두 딸,
# '짐'에서 '힘'으로

,

## 잘살고, 잘 키우고 싶어서

앞서 이야기했지만 어린 시절, 가난이 싫었다. 단칸방에서 여섯 식구가 북적대며 사는 것도 싫었고, 비만 오면 온갖 오물이 방안에 들이치던 것이 싫었다. 기죽은 아버지의 모습을 보는 것은 더욱 싫었다. 그 싫은 모습들을 보며 마음을 다지고 또 다졌다. '나는 잘살 거야. 어떡해서든 잘살고 볼 거야.'

그 '어떡해서든 잘살겠다'는 의미가 무엇이었을까? 그냥 열심히 사는 것이었을까? 아니면 돈 벌어 잘살기 위해서라면 본 것도 못 본 척하고, 옳다 그르다 따지지 말고, 필요하면 언제든 고개 숙이고…. 그러면서 사는 것까지를 포함하는 것이었을까. 다분히 후자까지를

240

포함하는 것이 아니었을까.

그러나 현실은 그렇게 단순하지 않았다. 대체로 못 본 척하고 지나가지만, 때때로 말이라도 한두 마디 하지 않고는 못 견딜 것 같은 기분을 느끼곤 했다. 그럴 때마다 어릴 적의 그 가난이 두 딸 아이의 모습과 함께 떠오르곤 했다.

하나의 예가 되겠지만 1987년 봄, 그때도 그랬다. 교수가 된 지 3년, 그리고 학교를 서울로 옮긴 지 겨우 1년쯤 되었을 때다. 세상은 어지러웠다. 박종철 고문치사 사건이 알려지면서 시민사회의 민주화 투쟁은 그 정점을 향하고 있었고, 그 핵심 과제로서의 대통령 직선제 개헌 또한 그 어느 때보다도 강하게 요구되고 있었다.

그러던 4월 13일, 전두환 당시 대통령의 특별담화가 발표되었다. 이른바 '호헌 선언', 즉 대통령 직선제 개헌을 하지 않을 것이며, 대통령선거인단이 대통령을 선출하는 간접선거제도를 그대로 유지하겠다는 내용이었다.

"이제 본인은 (개헌이) 임기 중 불가능하다고 판단하고…. 평화적인 정부 이양과 서울올림픽이라는 양대 국가 대사를 성공적으로 치르기 위해서 국론을 분열시키고 국력을 낭비하는 소모적인 개헌 논의를 지양할 것을 선언합니다."

　학교로 가기 위해 운전을 하던 중, 차 안에서 이 발표를 들었다. 전두환 대통령 특유의 다소 느리면서도 무거운 목소리, 처음부터 끝까지 들었다. 그냥 눈물이 솟았다. 분노도 아니고 좌절도 아니었다. 그냥 이런 나라에 산다는 것이 서러웠다. 학교에 도착해서도 바로 차에서 내리지 못했다. 눈이 통통 부어 학생들 앞을 지날 수가 없었기 때문이었다.

　이후 힘든 나날이 계속되었다. 학생들의 시위가 계속되는 가운데, 아무것도 할 수 없다는 무력감이 온몸을 휘감았다. 수시로 정문 쪽이 보이는 선배 교수 연구실로 가 학생들과 전경들의 '전투'를 지켜보는 게 다였다. 그야말로 엉망이었다. 돌과 화염병이 날아다니고, 최루탄이 교정 전체를 덮고….

　그런 가운데 선배 교수 한 분이 조심스럽게 물어왔다. 고려대학에서 시작된 교수들의 호헌 철폐 서명을 이 학교에서도 하려고 하는데, 이에 참여하겠느냐는 것이었다. 한편으로 반갑고, 한편으로 두려웠다. 며칠 시간을 달라고 했다.

　그로부터 며칠간, 우리 아이들 얼굴과 개헌 요구를 그냥 두지 않겠다는 대통령의 굳은 표정이 수도 없이 교차했다. 큰아이가 생후 33개월, 작은아이가 10개월, 이제 겨우 제대로 키울 수 있는 형편이 되었는데…. 내가 잘못되면 이 아이들은 어떡하지…. 짧은 순간이지만 아이들이 더없이 무거운 '짐'으로 여겨졌다. 세상이 원망스러워졌다.

다음 날, 엘리베이터 앞에서 우연히 인문학을 하는 선배 교수 한 분과 마주쳤다. 한때 보안사범으로 처리되어 8년간 해직이 되었다가, 민주화 기운이 잠시 돌았던 '80년 봄'에 운 좋게 복직이 된 분이었다. 내 손을 잡고 한쪽 구석으로 가더니 작은 소리로 묻는다.

"누가 서명 이야기하지?"

고개를 끄덕이자 이렇게 말했다.

"미안해. 나는 못해. 해직되었을 때의 빚도 다 못 갚았어. 욕 하면 욕 먹을게. 하지만 이번에는 안 돼. 이해해줘."

안다. 직접 그리고 간접으로 해직 시절 그의 삶이 어떠했는지를 들었다. 시간강사조차 제대로 할 수 없었고, 먹고살기 위해 글을 썼지만 남의 이름으로 기고해야 했다. 심지어 일본어 편지를 대필하는 일까지 하기도 했다. 그의 얼굴에 비친 그 모진 세월의 흔적이 내 고민을 더 깊게 했다.

아내가 눈치를 챈 것 같았다. 왜 안 그랬겠는가. 며칠간 한마디 말도 없이 무거운 표정만 짓고 있었으니.

"국민대학 교수들은 서명도 안 해?"

아내가 물었다. 깜짝 놀라 되물었다.

"하겠지. 그런데… 그러면 나는 어떡하지?"

아내가 말했다.

"당연히 해야지."

다시 내가 물었다.

"그러다 잘못되면?"

아내가 말했다.

"내가 직장 다니잖아. 또 이 직장 아니면 다른 일도 할 수 있고. 내가 먹여 살릴게."

아이들 때문에 주저하고 있다는 것을 안 것이다.


아내가 더없이 고마웠다. 집값 갚아 나가야지, 어머니 생활비 보내드려야지, 아내가 버는 것으로는 감당이 되지 않는다는 것을 아내도 알고 나도 알고 있었다. 행여 무슨 일을 당할까, 조금이라도 주저하는 빛이 보였다면 할 수 없는 일이었다. 다시 아내를 쳐다보았다. '걱정할 것 없어'라고 그 눈빛이 말하고 있었다.


다음 날, 그 선배 교수를 찾아갔다. 그리고 서명을 했다. 여섯 번째라고 했다. 서명은 곧바로 발표되지 않았다. 최소한 스무 명은 되어야 모양이 갖춰지는데, 그게 쉽지 않았던 것이다. 워낙 은밀히 추진하는 일이라 아무에게나 권할 수도 없는 일이었다.

한 주, 또 한 주, 그렇게 한 달 가까운 시간이 가는 동안 대통령과 정부는 서명 교수들을 그냥 두지 않겠다는 엄포를 놓았다. 그 바람에 서명을 했던 일부 교수가 마음을 바꿔 빠져나가는 일도 있었다. 나 또한 마찬가지였다. 집에 들어와 아이들을 볼 때마다 마음이 흔들렸다. 하지만 그럴 때마다 세월이 흐른 다음 이 아이들이 '그때 아빠는 무엇을 하고 있었느냐'라고 물을 것을 생각했다. '짐'이라 생각했던 아이들이 오히려 '힘'이 되어가고 있었다.

21명 서명 교수들의 선언이 학교 방송을 통해 발표된 순간, 캠퍼스는 환호로 뒤덮였다. 너와 내가 따로 없었다. 모두가 하나가 되어 함성을 질렀다.
"감사합니다. 존경합니다. 교수님의 제자인 것이 자랑스럽습니다."

집으로 돌아와 아이들을 안았다. 평소와 다른 그 어떤 느낌, 눈에 눈물이 도는 것 같았다. '그래, 너희들로부터 존경받을 수 있는 아빠가 될 거다. 그것이면 된다.' 거실의 TV는 개헌 논의를 절대 용납하지 않는다는 정부의 입장을 다시 한번 전하고 있었다. 서명 교수들을 그냥 둘 것 같지 않다는 해설과 함께.

## 모순된 세상

아직도 모순이 많은 사회다. 법을 지키라 하지만 법을 다 지키고는 일을 할 수가 없다. 이를테면 건축법과 소방법 등을 완벽하게 다 지키면서 시장市場이 원하는 기간 내에, 또 비용 한도 내에 건물을 다 지을 수 없다. 그러니 크든 작든 법과 규칙을 어기게 되고, 그러면서 검찰과 행정관청이, 그리고 노조와 노동자들의 내부고발 등이 두려워진다. 또 그 두려움이 또 다른 모순들을 만들어낸다.

윤리와 도덕은 또 어떤가. 부동산 투기를 하지 말라고 하지만 결국은 하지 않는 사람만 바보가 된다. 우리 집 이야기이지만 강남 아파트를 팔고 강북으로 이사를 할 때, 아내는 강남 아파트를 팔지 말자고 했다. 오를 게 분명한데 왜 파느냐는 것이었다. 그때 나는 이 말 한마디만 했다.

"집 가지고 그런 짓 하면 안 된다."

그 결과 나는 영원히 바보가 아닌 바보가 되었다.

일을 열심히 하는 것도 그렇다. 이래저래 비합리적인 규정과 관행들이 지뢰밭처럼 얽히고설켜 있다. 열심히 하다 보면 어느 순간 그 지뢰를 밟는다. 좋은 사업이라 생각해도 은행원은 소신껏 대출을 해주어서는 안 되고, 공무원은 소신껏 인가와 허가를 해주어서는 안 된다. 1,000개 사업을 잘 처리하고도 하나에서 문제가 생기면 목이 달아난다.

굳이 말하자면 세상은 여전히 진흙밭이다. 많은 경우 진흙에 발을 디디지 않고는 앞으로 나아갈 수도 없고, 성공할 수도 없다. 크든 작든 법을 어겨야 하고, 옳지 못한 일에 고개를 숙여야 하고, 투기를 해야 한다. 공조직의 구성원은 윤리와 도덕은 일단 뒤로 한 채 '비에 젖은 낙엽처럼' 복지부동해야 한다.

이래저래 떳떳한 부모 되기가 쉽지 않다. 잘살고자 할수록, 성공에 대한 욕구가 강할수록, 또 자식을 잘 키우고 싶을수록 부모는 더 떳떳하지 못한 부모가 된다. 용기와 소신, 그리고 양심은 저 멀리 두어야 한다. 그러면서 스스로를 위로한다. 이 모두가 가족과 자식들을 위한 일이라고, 또 남들도 다 그렇게 산다고.

그러니 어떻게 자식들에게 옳고 그름을 쉽게 이야기하겠나. 또 세상은 여전히 진흙탕, 옳고 바르게만 살다가는 패자가 되는 판이다.

옳고 바르게만 살라고 말하고 싶겠는가. 이 땅의 부모들은 이렇게 어렵다.

　나 또한 자식들 앞에 떳떳하지 못한 부분이 적지 않다. 두 딸을 위한다는 명분으로 떳떳하지 못한 부분들을 가리기도 했다. 인생의 많은 부분을 자유인으로 살아온 교수 출신이 이런 마당에, 수직적인 조직생활을 하거나 이런저런 이해관계와 부딪치며 사업을 해야 하는 부모들은 얼마나 더 어렵겠는가. 오늘도 그 진흙탕 위에서 고민하는 부모들, 어쨌든 '파이팅'이다.

# 아빠가 두려워했던 것

,

엄마 아빠의 교육에도 아쉽고 부족한 것이 많았다. 다 자란 뒤, 그리고 아이들을 낳고 키우면서 생각해보니 그렇다. 그 대표적인 것이 '결핍'의 철학이다. 나와 내 동생은 장난감이든 학용품이든 너무 쉽게 손에 넣었다. 뭐든 말만 하면 쉽게 사주셨기 때문이다. 특히 아빠가 그랬다.

물론 사치스러운 것들은 아니었다. 엄마 아빠와 이야기하고 여행하는 것들을 좋아했던 만큼, 우리 자매 스스로 어떤 물건들에 대한 애착이 덜 했던 것 같다. 그러나 어쨌든 우리가 무엇인가를 원하면 그것에 대해 애타기도 전에 그것은 우리 손에 들어와 있었다.

아빠도 알고 계셨을 것이다. 그것이 아이들에게 그리 좋은 일이 아니라는 것을. 지금도 기억한다. 아빠가 결혼을 앞둔 우리 부부를 앉혀 놓고 하신 말씀을.

"이것저것 처음부터 다 갖추어놓고 살 생각을 하지 마라. 엄마 아빠가 미국에서 산 저 전자레인지 보이지. 비싼 것은 아니지만 그 어떤 비싸고 좋은 것보다 우리에게는 소중하다. 어려운 가운데 우리 부부가 고심에 고심을 거듭하며 산 물건이기 때문이다. 이 집의 모든 것이 그렇다. 가구 하나, 식기 하나에도 우리 부부가, 또 가족이 같이 나눈 추억이 있다. 집이란 모름지기 그래야 한다. 하나하나 일구어나가라."

실제로 엄마 아빠는 그렇게 사셨던 것 같다. 그러나 우리가 어릴 적, 우리 자매에게는 그렇게 하시지 않으셨다. 아빠가 어렸을 적에 겪었던 그 어려움이, 또 부족함이 일종의 트라우마가 되어 있었기 때문이었을까. 우리가 무엇인가 부족해하는 것을 참고 넘기지 못하셨다. 또 행여 그런 상황이 될까 두려워하셨던 것 같다. 그때마다 우리 자매가 '짐'으로 여겨졌을 것 같고.

동생이 그림을 전공하고 싶다고 했을 때도 그러지 않았을까 싶다. 재정적 지원을 할 형편이 안 된다는 사실, 그래서 그 딸이 그로 인해 어려움을 겪게 될 것이라는 사실을 미리 너무 걱정하셨던 것 같다. 결국 동생은 포기할 수밖에 없었고, 아빠는 당신이 차단했을지 모르는 딸의 미래에 대해 괴로워하셨다. 딸이 겪을 그 '결핍'을 당연한 것으로 여기고, 딸 스스로 그런 어려움을 넘어가도록 하실 수는 없었을까?

적절한 결핍은 그 부족한 무엇에 대한 의지를 키운다. 기다림과 인내를 키운다. 나와 내 동생을 이야기하자면, 나는 대체로 부족함을 느끼지 않고 자란 반면, 동생은 여러 면에서 부족함을 느낄 수 있는 상황들이 있었다. 일본에서 학교를 다니면서 많은 어려움을 겪었고, 그림을 전공하지 못하게 된 것도 오히려 역설적으로 일종의 결핍이 되었다.

영국 유학 시절에도 그랬던 모양이다. 창문도 없는, 숨이 막힐 듯이 좁은 방, 그 방 한쪽 구석에 쥐구멍이 있었고, 동생은 이를 헝겊으로 막은 채 생활했던 모양이다. 영국 방문길에 동생이 묵고 있는 방을 본 엄마 아빠는 너무 가슴이 아파 말을 할 수 없었다고 한다.

그래서 그럴까. 동생에게는 때로 그런 결핍이나 부족함이 만들어준 의지가 있음을 느낀다. 나는 그만큼 그러지 못한 것에 비해.

# 비뚤어진 세상,
# 그래도 바르게 가라 하는 이유

,

## 역逆 인센티브의 세상

이미 두어 번 글로 소개한 이야기이지만 다시 한번 해보자. 이 자리에서 하고 싶은 말을 이 이야기만큼 잘 표현해주는 예가 많지 않기 때문이다.

1980년대 중반의 젊은 시절, 미국에서 온 사회학자 한 분을 모시고 서울 시내의 어느 재개발 지역을 찾아갔다. 그리고 그곳에서 빈민운동을 하는 신부님 한 분을 만났다. 이런저런 이야기 끝에 재개발 '딱지', 즉 재개발이 되어 아파트가 들어서면 이 아파트에 들어갈 수 있는 권리를 사고파는 이야기가 나왔다.

신부님이 이야기하셨다.

"나는 우리 신도들에게 재개발 딱지를 절대 사지 말라 이야기합니다. 그게 얼마나 나쁜 일인지를 계속 설명해줍니다."

그 말을 받아 내가 말했다.

"신부님, 그러지 마십시오. 신부님은 그러실 권리가 없습니다."

신부님이 놀란 얼굴로 나를 쳐다보았다. 나는 말을 이어나갔다.

"딱지를 산 사람은 집을 마련하거나 돈을 법니다. 그 돈으로 자식 고액 과외 시켜 명문 대학에도 보내고, 판사도 만들고 의사도 만들지요. 그런데 신부님 말씀 듣고 한 푼 두 푼 모아 집 사려 한 사람은 평생 제 집 하나 마련하지 못합니다. 신부님은 멀쩡하게 잘살 수 있는 사람들에게 패배자가 되라 하고 계십니다. 누가 신부님에게 그런 권한을 주었습니까?"

정말 그렇게 생각해서 그렇게 말했겠는가. 신부님 말씀이 옳고 또 옳았다. 바르고 선하게 살면 오히려 손해를 보거나 패자가 되는 세상, 그 보상과 징벌이 거꾸로 된 역 인센티브 구조의 세상이 답답하고 기가 막혀 한 말이었다.

그로부터 30년 이상이 흐른 지금, 세상은 얼마나 달라졌을까. 많이 달라지고 많이 좋아졌겠지. 하지만 앞의 글 〈두 딸, 짐에서 힘으로〉에서 이야기한 것처럼 역 인센티브 구조는 여전히 우리 사회 곳곳에 산재해 있다. 거듭 이야기하지만 부동산 문제만 해도 그렇지 않은가. 투기가 나쁘다 하지만, 투기를 하면 할수록 더 큰돈을 벌어 모두가 부러워하는 '승자'가 되고 있다.

공직사회도 그렇다. 창의적인 생각으로 이 일 저 일 벌이다간 언제 '죽을지' 모른다. 온갖 규정과 규칙이 일종의 지뢰밭이 되어 있기 때문이다. 지뢰밭에서는 움직이지 않는 것이 상책, 그저 있는 듯 없는 듯 윗사람 눈치나 보며 지내는 게 최고다. 그러면 퇴직 때까지 호봉은 저절로 올라가고 순서대로 승진의 기회도 온다.

정치도 마찬가지다. 누구에게 줄을 서느냐, 어느 패거리에 들어가느냐가 성패를 좌우한다. 심지어 대통령 되는 것도 본인의 능력과 무관하다. 누구의 유산을 받고, 누구의 후광을 업느냐에 따라 결정된다. 철학과 비전은 어차피 문제가 안 된다. 상대방 비판이나 하며 어차피 내 돈 아닌 것, 뭐든 해달라고 하면 해준다고 하면 된다. 국가의 미래가 어떻고, 재정 건전성이 어떻고 해봐야 표만 잃는다.

민간부문이나 시장市場은 그나마 낫다. 경쟁다운 경쟁이 있기 때문이다. 하지만 능력도 없고 합리적이지도 않은 국가권력이 여기저기 과도하게 개입하다 보니 여기 또한 별일이 다 일어난다. 인가받

254

고, 허가받고, 고발당하고, 조사받고…. 기업은 늘 오금이 저린다. 그런 가운데 '빽'과 '줄'이 경영능력이나 기술 역량보다 더 중요한 성공 요소가 된다.

어떤가? 이런 세상을 살아가야 할 아이들에게 오로지 바르고 정직하게 살라고 할 수 있을까? 창의력과 상상력을 길러가며 오로지 성실하게 살라고 할 수 있을까? 또 소신과 철학을 가지고 살아야 하며, 정당하지 않은 곳에 함부로 고개를 숙이지 말라고 할 수 있을까?

어려운 이야기다. 아이들로 하여금 자칫 승자가 아닌 패자의 인생을 살게 만들 수 있기 때문이다. 30여 년 전, 재개발 '딱지'를 사지 말라고 한 신부님에게 드린 말씀처럼 말이다. 신부님이야 '착하게 살아야 천당 간다'라고도 할 수 있다. 하지만 90년, 100년, 현실의 삶을 살아가야 하는 아이들을 걱정해야 하는 부모가 과연 그렇게 말할 수 있을까?

부모의 처지가 딱하다. 수시로 보상과 징벌이 거꾸로 이루어지는 세상에서 스스로 바르게만 살지 못한 것도 모자라, 자식들에게도 그렇게 살라고 말하지 못한다. 옳은 것을 옳다고 이야기하지 못하는 상황, 그래서 도덕과 윤리의 기준으로서의 부모의 존엄은 깨어진다. 부모는 오로지 '빽'과 '줄', 그리고 경제적 지원과 보장의 원천으로서만 존재하게 된다. 또 그것조차 제공하지 못하는 부모는 어느 순간 무능력한 부모, 존중받지 못하는 부모가 된다.

## 승자와 패자의 길

정말, 아이들에게 어떻게 살라고 할 것인가? 나도 아내도 이 모순덩어리의 세상을 사는 사람들, 그러면서도 아이들이 어떠한 의미에서건 성공해서 잘살기를 바라는 사람들, 이 숙명적인 질문을 피할 수가 없었다.

아이들에게 '청빈낙도'의 이상론만을 이야기하지 않았다. 돈을 벌고 지위를 획득해 잘사는 것이 얼마나 중요하며, 그렇지 못한 인생이 어떤 것인가를 이야기해주었다.

이상론은 오히려 경계의 대상이었다. 이를테면 아이들이 법정 스님의 '무소유'를 이야기하면, 그것은 명예와 신도들의 존경과 보살핌 등 세상 모든 것을 다 가진 스님에게나 통하는 일이지, 그렇지 못한 보통사람에게는 노숙자가 되라는 것이라고 말해주곤 했다. 스님의 뜻을 지나치게 해석하지 말라는 뜻이었다.

그러면서 잘못된 현실도 숨기지 않았다. '빽'과 '줄', 그리고 비정상적이고 비도덕적인 거래가 난무하고, 또 그렇게 해서 성공을 하는 현상들을 있는 그대로 이야기해 주었다.

둘째, 그러면서 바르게 살지 않는 사람을 보더라도 욕부터 하지 말라고 했다. 그 뒤에는 바르게 살지 못하게 하는 '구조'가 있을 수도 있음을 유의하라 했다. 이를테면 재개발 딱지를 사지 않으면 안 되는 잘못된 구조가 있고, 공무원이 복지부동할 수밖에 없는 환경이 있을 수도 있음을 놓치지 말라고 이야기해주었다.

사람을 먼저 욕하면 문제는 오히려 더 심각해질 수 있다. 욕을 먹은 사람이나 집단이 그냥 욕만 먹고 있지 않기 때문이다. 공연히 갈등과 대립만 더 심각해질 수 있다. 반면 잘못된 구조나 환경을 먼저 생각하면, 바르게 살지 못한 사람조차도 그 구조나 환경을 고치는 데 힘을 보탤 수 있다. 자신들 역시 그 잘못된 구조와 환경의 피해자일 수 있기 때문이다.

대단히 사소한, 그러나 의미 있는 예를 하나 들어보자. 동네에 목욕탕이 하나 있는데, 소금 통 앞에 치약 통이 있다. 소금을 덜어 쓰는 사람들이 수시로 치약 위에 소금을 흘리는데, 이로 인해 치약을 잡는 사람은 소금이 손에 묻는 불쾌감을 느껴야 한다. 한번은 어떤 사람이 치약 위로 소금을 흘리자, 옆에 있던 다른 사람이 조심하라며 면박을 주었다. 결국 시비가 일고, 두 사람은 짧지 않은 언쟁을 하게 되었다.

이게 싸울 일인가. 소금을 치약 앞으로 두면 치약 위에 소금이 떨어지는 일은 없게 된다. 같이 머리를 쓰면 간단히 해결될 일을 두고, 면박을 주니 싸움이 되는 것이다. 세상 일도 많은 부분 똑같다. 같이 지혜를 모으면 윈-윈 할 수 있는 일을 싸움부터 하는 경우가 많다. 우리 아이들은 그러지 않았으면 하는 마음으로 말하곤 했다.
"되도록 사람부터 욕하지 마라."

셋째, 세상 곳곳이 거꾸로 되었더라도, 바르고 성실하게, 늘 새로운 생각을 하며 살아야 한다고 했다. 그냥 하기 좋아 한 말도 아니고, 도덕적으로 훌륭한 부모인 척하기 위해 한 말도 아니었다. 그렇게 사는 것이 옳은 길일 뿐만 아니라, 승자의 길이 될 것이란 확신에서 한 말이었다.

어떻게 보상과 징벌이 거꾸로 이루어지는 세상에서, 또 역 인센티브 구조가 여기저기 자리 잡고 있는 세상에서 바르고 성실하게 사는 것이 승자의 길이 될까?
우선 성공적 인생은 10만 명, 100만 명의 도움으로 이루어지는 게 아니다. 많은 경우 한두 명의 결정적 도움이 그 길을 열어준다. 바르고 성실하게 최선을 다해 살다 보면, 누구일지는 모르지만, 또 어떤 배경과 이유에서인지는 모르지만 이 한두 명은 반드시 나타나게 되어 있다.

그냥 막연히 하는 이야기가 아니다. 세상의 이치가 그렇다. 세상이 아무리 잘못되었다 해도 누군가는 바르고 성실하게 사는 사람을 높이 사게 되어 있다. 그 모습이 보기 좋아 그럴 수도 있고, 역량 있는 사람을 주변에 둬야 할 필요가 있어 그럴 수도 있다. 그런 의미에서 세상은 여전히 믿을 만하다.

내 인생도 그랬다. 인생의 고비고비마다 손을 내밀어주신 분들이 있었다. 대학원 시절의 지도교수님은 감히 기대하지도 않았던 미국 유학의 길을 열어주셨고, 서울로 직장을 옮길 때는 지방대학 출신인 나의 실력에 대한 총장의 의심을 나도 모르는 사이에 풀어준 학계 중진들의 평가가 있었다. 이 모두 1만 명, 10만 명이 아니라 한 분, 두 분의 도움이었다.

또 하나, 세상은 바르게 사는 사람 편으로 변화될 것이다. 하나의 예가 되겠지만 '빽'과 '줄', 그리고 부정과 부조리 등 역 인센티브의 근원이 되는 과도한 국가권력도 줄어들 것이다. 검사檢事 한 사람쯤 잘 사귀어두고, 감독관청에 빨대 몇 개는 꽂아두어야 작은 사업이라도 해먹는 세상, 그래서 '빽'과 '줄'이 기술 역량과 경영능력보다 더 중요한 그런 세상이 오래가지 않을 것이라는 말이다.

대신 개인과 기업, 시장과 공동체의 자유와 자율, 그리고 이에 바탕한 경쟁이 보다 강조되는 세상이 될 것이다. 또 그런 만큼 개인의 역량과 실적을 중시하는 실적주의 경향이 강화될 것이다. 바르고 성실하게 자기 역량을 키우는 것이 곧 확실한 승자의 길이 되는 시대가 될 것이라는 말이다.

물론 불합리한 요소가 다 없어지지는 않을 것이다. 부(富)는 여전히 대물림될 것이고, 그에 따라 교육과 훈련의 기회 및 그를 통해 얻을 수 있는 정보 역량 또한 대물림될 수 있다. 또 부동산 투기 등 바람직하지 못한 일로 돈을 버는 사람도 여전히 있을 것이다. 그러나 전체적으로 바르고 성실하게 사는 사람이 승자가 될 기회는 더 커진다고 봐야 한다.

바르고 성실하게, 또 지혜를 쌓고 자기 역량을 키워가며 사는 사람이 잘살 것이라는 확신이 없으면 아이들은 반칙을 먼저 생각하게 된다. 이래저래 보상과 징벌이 거꾸로 된 것 같은 세상, 줄 설 곳, 아부할 곳이나 찾고, 일하지 않고 돈 벌 궁리만 하게 된다. 곧 다가올 세상에 있어 이 길은 영락없는 패자의 길이다.

　내 아이들은 그런 아이들이 되지 않았으면 했다. 그래서 늘 아이들에게 이렇게 말하곤 했다. 문제의 근원을 보되 되도록 사람부터 욕하지 말고, 세상이 거꾸로 돌아가는 것 같더라도 그를 따라가지 말고, 늘 새로운 것을 생각하며 바르고 성실하게 살아가라고. 그것이 곧 승자의 길이 될 것이라고. 그리고 이 모든 것을 하기 좋은 말로 하는 것이 아니라 진실로 그렇게 믿기에 하는 말이라고.

# 지키지 못한 맹세:
# 권력의 이면

,

## '손잡이 없는 칼'

'과거科擧를 보되 진사進士 이상의 벼슬은 하지 마라.'

우리에게 익숙한 경주 최 부잣집의 첫 번째 가훈이다. 임진왜란 때 공을 세우고, 병자호란 때 전사한 무장武將이자, '최 부잣집 300년 부富'의 기초를 다진 1대 최 부자 최진립의 유훈이기도 하다.

진사는 벼슬이 아니다. 공부를 할 만큼 해서 소과인 진사시를 통과했다는 뜻이며, 그래서 성균관에 입학하거나, 벼슬길로 나가기 위한 문과에 응시할 수 있는 자격을 얻었다는 뜻이다. 결국 '과거를 보되 진사 이상의 벼슬은 하지 마라'고 한 것은, 높지 않은 벼슬은 해도 좋다는 뜻이 아니라 공부는 하되 벼슬은 하지 말라는 뜻이 된다.

벼슬이 가장 중요한 입신양명의 길이었던 시대였다. 이런 시대에 최진립은 왜 후손들에게 벼슬을 하지 말라고 했을까? 그의 유훈을 좀 더 살펴보자.

"뭇사람들과의 복잡한 이해관계 속에서 원만하게 벼슬자리를 수행하기란 지극히 어렵다…. 권세의 자리에 있음은 칼날 위에 서 있는 것과 같아 언제 자신의 칼에 베일지 모르니…."
(전진문, 《경주 최 부잣집 300년 부의 비밀》, 2011. 도서출판 황금가지. 36-37쪽)

다시 눈이 간다. '권세의 자리에 있음은 칼날 위에 서 있는 것과 같으니….' '언제 자신의 칼에 베일지 모르니….' 그의 마음을 알 만하다. 권력 주변이 오죽 험했으면, 또 권력을 행사한다는 것이 오죽 위험한 일이었으면 이런 유훈을 남겼을까.

사실, 최진립 자신은 벼슬을 했다. 임진왜란 때 왜군을 막기 위해 의병을 일으킨 것이 계기가 되어 무과에 응시하게 되었고, 그것을 시작으로 병자호란에서 전사할 때까지 경형부사, 공조참판, 삼도수군통제사, 경기수사, 전라수사 등 적지 않은 벼슬을 지냈다.

하지만 벼슬길이 그리 좋지 않았던 모양이다. 나라가 백척간두 위기에 처한 상황에서도 서로 음해하고 모함하고, 죽이고 살리고….

그런 가운데 그 자신 또한 혁혁한 공을 세우고도 귀양살이를 해야 했다. 평안도로 도망 나와 있는 명나라 장수 모문룡의 부대를 후금의 군대가 습격했는데, 이를 제대로 막지 못했다는 이유였다. 권력 놀음 하는 사람들 사이에서 일어난 싸움의 유탄을 맞은 것으로, 그로서는 억울하기 짝이 없는 일이었다.

결국, 그 자신은 전장에서 장렬히 전사하는 장수의 길을 갔으면서도 후손들에게는 공부는 하되 벼슬길로 나가지 말라는 유언을 남기게 된다.

"권세의 자리에 있음은 칼날 위에 서 있는 것과 같으니…."

감히 최진립에 비하겠냐마는 나 역시 비슷한 생각을 해왔다.

"권력은 잿빛이다. 겉으로 화려해 보일 수 있으나 그 속살은 잿빛이다. 많은 이들이 이를 좇지만 정작 그 잿빛의 무거움을 보지 못한다."(김병준, 《대통령 권력》, 머리말)

"권력은 손잡이 없는 양날의 칼이다. 쥐는 순간 손을 베이기도 하고, 이리저리 휘두르다 보면 어느새 그 칼은 내 몸속에 들어와 있다."(〈경향신문〉, 2008. 1. 8)

이는 내가 한 말들이다. 이 역시 그냥 한 말은 아니었다. 권력의 한가운데 있어 본 경험을 바탕으로 한 말이었다. 보라. 권력에 대한 부정적 시각이 유난히 강한 사회 아닌가, 이런저런 일로 수많은 사람이 가슴에 비수를 숨기고 있는 사회 아닌가. 권력 가까이 가는 순간, 그 비수의 표적이 되고, 온갖 음해와 조롱, 그리고 막말의 대상의 된다. 술자리, 밥자리에서, 또 SNS 공간에서 김병준 교수는 어느 순간 '병준이'가 되고, 그것도 모자라 그나마 점잖은 표현으로 '이 자식', '저 자식'이 된다.

이해가 된다. 우리 모두에 있어 권력은 오랫동안 부조리와 불합리를 의미해왔다. 정치인이든 관료든 권력과 권한을 쥐면 그 크기만큼 위세를 부리고, 또 축재를 했다. 세상은 더 이상 그렇지 않건만 사람들의 인식은 예나 지금이나 그렇다. 한두 사람의 일탈을 전체의 문화로 보기도 하고, 그러다 보니 권력 가까이 있는 것만으로도 욕과 조롱과 비아냥거림의 대상이 된다.

정치를 하는 사람이나 자극적인 뉴스거리를 좇는 언론은 국민들 사이의 이러한 냉소를 놓치지 않는다. 음해와 모함을 오히려 확대하거나, 이런저런 소문이나 개인사를 국가적 중대사라도 되는 양 보도를 한다. 인사말조차 남의 손을 빌리지 못하는 사람에게 표절이라는 오명을 덮어씌우는가 하면, 돈은 구경도 하지 못한 사람을 두고 이 돈 저 돈 받아 챙겼다는 의혹을 제기하기도 한다. 또 그런 소문을 근거로 고소 고발을 하기도 한다.

# 거듭되는 고통

2006년 부총리 겸 교육부 장관이 되었을 때 표절 시비 사건은 평생 잊을 수가 없다. 30대 초반이었던 1987년 내가 쓴 박사학위 논문을 바탕으로 또 다른 논문을 행정학회 총회에서 발표했는데, 이 논문이 당시 다른 대학교 고위 행정직원이었던 50대 중반 제자의 논문을 표절했다는 시비가 일었다.

참으로 어이없는 일이었다. 당시 행정학회는 1년에 한 번, 매년 6~8월경 학회보를 발간했고, 그로 인해 1987년 11월에 제출한 나의 논문은 다음 해인 1988년 여름에 실렸다. 이에 비해 이 논문의 원문과 나의 박사학위 논문을 크게 참조한 나이 든 제자의 논문은 1988년 2월에 인쇄되었다. 실제로는 내 논문이 짧게는 몇 달, 길게는 3~4년이 빨랐으나 잘못 보면 제자의 논문이 오히려 빠른 것으로 보일 수 있었던 것이다.

그래도 그렇지. 학회에 전화해서 내 논문이 언제 제출되었는지 알아만 봤어도, 또 제자 논문의 근간이 되는 내 박사학위 논문의 목차만 들여다봤어도 금방 알 수 있는 일이었다. 그것뿐인가. 그 제자의 나이와 내 나이, 그리고 그 제자의 전문성과 나의 전문성만 비교해봐도 무슨 일이 일어났는지 알 수 있는 일이었다.

설명을 해도 소용이 없었다. 오히려 이를 시작으로 연구비 이중 수령, 논문 이중 게재 등 온갖 음해가 이어졌다. 대통령과 당시 여당 인 열린우리당의 관계가 좋지 않은 시점이었고, 또 몇 개월 전 여당 의 반대에도 불구하고 대통령이 나를 이해찬 총리의 후임으로 밀어 붙였던 적이 있는지라 여당까지 공격에 가세를 했다. 아니, 오히려 여당이 더 했다.

표절이냐 아니냐의 문제가 아니었다. 집권세력 내 권력투쟁의 문 제였고, 청와대와 여·야당 간의 관계에 관한 문제였다. 어느 주요 일간지 만평에는 임금이 말을 타고 있는데, 여·야당 모두 화살로 임 금은 쏘지 못하고, 임금이 타고 있는 말을 쏘는 그림이 실리기도 했 다. 임금은 노무현 대통령, 말은 나였다.

혼자 결론을 내렸다. '좋아, 사표를 내자. 정국에 더 이상 부담은 줄 수 없다.' 그러나 그냥 낼 수는 없었다. 옳고 그름은 밝혀야 했고, 그래서 스스로 국회에 청문회를 열어줄 것을 요청했다. 사상 처음 으로 국무위원인 부총리 겸 장관이 스스로 자신에 대한 국회청문회 를 요청하는 일이 벌어진 것이다.

희한한 일이었다. 장관에 문제가 있으면 통상 국회, 특히 야당은 청문회나 국정조사를 하자고 하고, 청와대나 장관은 이를 어떻게든

막아보자고 한다. 하지만 이 경우는 오히려 그 반대였다. 당사자와 청와대는 열어달라고 하고, 여·야당은 열어주지 못하겠다고 하는 일이 벌어졌다.

결국 논쟁도 하고, 설득도 해서 청문회가 열렸다. 노무현 대통령 말을 빌리면 청문회 결과는 '완승'이었다. 하지만 정치는 정치, 진실과는 아무런 관계가 없는 것이었다. 다음 날 아침 대통령과 조찬을 하면서 사의를 표했다. 돌아서 나오는데 대통령의 분노 섞인 목소리가 들렸다.

"결국 나를 죽이겠다는 거지. 옆에 있는 사람 다 죽이고…. 손발 다 자르고…."

이 일과 이 일이 있기 전에 있었던 인사청문회까지 합쳐 약 한 달 반, 수많은 사람이 고통을 받았다. 이를테면 큰아이는 내가 교수 시절 대학에 입학했건만, 일부 국회의원들은 대학 입시에 부정이 있을 수 있다 하여 입학시험 답안지를 확인해야 한다고 나섰다. 그리고 일본에서 학교를 다녔던 작은아이 또한 내가 공직을 맡기 전에 일본어 특기로 외국어 고등학교에 들어갔건만 이에 부정이 있는지를 확인해야 한다며 학교를 쑥대밭으로 만들어놓았다.

고통은 끝이 없었다. 아이들은 자신들의 실명이 세상에 다 알려지게 된 가운데, 온갖 '혐의'를 덮어쓴 아버지의 '못난 모습'을 매일 TV 화면을 통해 봐야 했다. 아내 역시 마찬가지였다. 한편으로는 음해와 모함에 분노하고, 또 다른 한편으로는 남편과 자식들의 고통을 지켜봐야 했다. 그 모습이 안타깝기 짝이 없었다.

불안하고 억울한 마음에 온 가족이 한 방에 모여 잠을 자기도 했다. 서로에게 위안이 될까 해서였다. 그러다 결국 내가 더 이상 버티지 못하고 입원을 하게 되었는데, 이 또한 남의 눈이 무서워 아내가 입원하고 내가 보살피는 모양새를 갖추는 것으로 위장해야 했다.

그것뿐이겠는가. 이 모든 것을 걸어 사기와 횡령 따위의 혐의로 검찰에 고발되기도 했다. 몇 개월 뒤 검찰이 '무혐의' 판정을 내렸지만, 도대체 무슨 소용이겠는가. 관계된 사람들과 기관들이 겪은 고통과 우리 가족이 겪은 고통은 누가, 어떻게 보상해준다는 말인가? 내 명예에 관한 문제는 뒤로 하고서라도 말이다.

하나만 더 이야기하자. 참여정부 임기가 끝날 무렵, 대학 다니던 둘째 딸이 한동안 이상하리만큼 침울한 표정을 보였다. 무슨 일이 있나 묻지도 못한 채 눈치만 보고 있는데, 부엌 냉장고 앞에서 마주친 나에게 눈도 마주치지 못한 채 묻는다.
"아빠, 이 정부 끝나면 아빠 감옥 가?"

269

아하, 이것이었구나. 이것이 아이를 괴롭혔구나.

"누가 그래?"

정색을 하고 물었다.

"엄마 주변의 누가 그랬어. 아빠처럼 대통령 옆에 있는 높은 사람들은 다 감옥 간다고…."

그렇지 않다고, 절대 그렇지 않다고 말했지만 그 뒤로도 딸아이의 표정은 밝아지지 않았다. 한동안 딸아이의 수심에 찬 모습을 볼 때마다 가슴이 내려앉았다.

그리고 실제로 참여정부가 끝나자마자 바로 '내사'라는 이름 아래 수개월간의 조사를 받았다. 왜 조사를 받는지 이유조차 알 수 없었다. 나만 받는 게 아니라 내 주변의 친인척들과 심지어 공직에 있는 동안 얼굴 한 번 제대로 보지 못했던 학교 연구실 조교까지 검찰에 불려가 조사를 받았다.

일부 언론이 내가 조사를 받는다는 사실을 기사로 썼고, 모 주간지는 '김병준, 돈 먹었다'는 제하의 기사를 쓰며 나를 '표지 모델'로 삼기도 했다. 논조도 그랬다. '털면 나올 것이다. 실세 중의 실세 아니었나. 나오지 않을 리가 없다.' 참으로 황당하고도 어이없는 일이었다.

논문 표절 시비에 이어 또다시 작지 않은 고통이 우리 가족을 덮쳤다. 가족들, 특히 두 딸에게 말했다.

"세상이 뭐라 해도 아빠를 믿어라. 아빠는 세상이 말하는 그런 나쁜 일을 하지 못한다. 너희들 때문에라도 하지 못한다. 없는 사실을 만들어 나를 죽일지 모르겠지만, 나는 너희들에게 부끄러운 일 한 적이 없다."

아이들이 고개를 끄덕였다. 하지만 그 후 조사가 진행되는 몇 달 동안 우리 가족은 웃음을 잃었었다.


## 맹세


하고자 했던 공직이 아니었다. 무엇이 되고자 하는 생각도, 어떤 자리에 앉고 싶다는 생각도 없었다. 다만, 세상이 이것보다는 나아져야 한다는 생각에 이 일 저 일에 관여한 것이 나를 권력 가까이 가게 만들었다.


노무현 대통령을 만나고, 참여정부에 참여하게 된 것도 그랬다. 자치와 분권이 중요하다는 생각을 가지고 이를 위해 동분서주하던 시절, 국회의원 낙선 후 야인으로 있던 그를 우연히 만났다. 그가 주최한 세미나 후의 저녁 자리였다. 이런저런 이야기를 주고받다가 그가 한마디 했다.

"지방자치를 하자는 것은 공동체를 살리자는 것 아닙니까?"

솔직히 충격을 받았다. 학자들조차도 행정적 분권 정도에만 관심을 가지고 있을 때였다. '아니, 정치하는 사람이 어떻게 이런 생각을….'

그 자리에서 묻고 또 물었다. 정말 그렇게 생각하는지. 그가 거침없이 대답했다.

"공동체가 살고, 시민 한 사람 한 사람이 이 나라의 모세혈관이 되어서 움직여야 되죠. 그러지 않고는 미래가 없을 것 같아요."

기뻤다. 동지를 만난 기분이었다.

이후 만나고 또 만나고 하면서 거듭 그의 철학과 소신을 확인했고, 그러다 그가 설립한 연구원의 소장과 이사장을 맡게 되었다. 그리고 이것이 인연이 되어 대통령 선거에 자동으로 개입하게 되었고, 이후 그의 정부에도 깊숙이 참여하게 되었다. 그가 야인이었던 시절, 대통령 출마나 집권은 누구도 생각지 못했던 시절의 인연이 만든 일이었다.

어쨌든 어느 날 눈을 떠보니 내가 권력 한가운데 있었다. 권력 행사를 하는 것이 아니라 일을 한다고 했건만, 그럴 때마다 진통이 따

랐다. 특히 권한이나 역할이 큰 자리로 옮기는 일이 있을 때는 더욱
그러했다. 안팎에서 견제가 일어나고 시비가 걸렸고, 그럴 때마다
가족들은 고통스러워했다.

'이게 뭐냐. 왜 이렇게 밑도 끝도 없는 고통 속을 헤매어야 하고,
누구보다 행복했으면 하는 가족이 저런 고통을 받아야 하나.'
그래서 맹세했다. 특히 수심에 찬 딸아이들의 얼굴을 보며 마음을
다지고 또 다졌다.
'공직은 하지 않는다. 정치도 하지 않는다. 최소한 이 아이들이 각
자 독립된 가정을 이루어, 나와 관계가 적은 인생을 살아갈 때까지
는 하지 않는다.'

실제로 그렇게 했다. 참여정부에 참여한 많은 사람이 정치를 한다
고 뛰쳐나갔지만 나는 그렇게 하지 않았다. 학교로 돌아가 강의에
전념하는 한편, 일종의 대안민주주의 운동이라고 할 수 있는 숙의민
주주의 운동에 열중했다. 세상이 오히려 나를 잊어주기를 바라면서.

그러나 모든 것이 뜻대로 되지는 않았다. 2011년 어느 인터넷 방
송이 국정에 대한 일련의 공개 강의를 부탁했고, 이것이 끝나자 출
판사 한 곳이 이 강의를 책으로 엮을 것을 제안해왔다. 그래서 출판
된 것이《99%를 위한 대통령은 없다》였다.

'김병준이 책 한 권과 함께 다시 세상으로 나왔다.'

책이 나오자 어느 주요 일간지가 이렇게 논평했다. 그랬다. 주요 신문들이 모두 이 책과 관련된 기사를 한 면 또는 반 면 정도의 기사와 인터뷰로 실었고, 그 뒤로 강연과 기고 요청이 이어졌다. 강연은 한 달에 두 번 이하, 기고 또한 한 달에 두세 번 이하 등으로 자제했지만, 나는 이미 세상에 나와 있었다.

그러면서 이쪽저쪽으로부터 출마 요청을 받기도 했고, 내 뜻과 관계없이 정당의 비상대책위원장과 국무총리 등의 하마평에 오르기도 했다. 하지만 내 마음은 변함이 없었다.

'아이들이 결혼해 독립된 가정을 이룰 때까지, 그래서 내 인생과 크게 관계없는 인생을 살 수 있을 때까지 어떠한 공직을 맡지 않고 정치도 하지 않는다.'

나라를 걱정해야 할 사람이 어떻게 그럴 수가 있느냐 하겠지만 내 인생은 어쩔 수 없이 그랬다. 가족은 무엇보다 중요한 가치였고, 가족의 행복을 지키는 것이 무엇보다 중요한 의무였다. 나라와 사회를 위해서는 나보다 더 잘할 사람들이 많겠지만, 우리 가족은 달랐다. 내가 잘못되면 가족 모두가 고통을 받아야 하고, 그 고통은 지금까지 받아온 것만으로도 충분했다.

# 깨어진 맹세

그러던 중, 첫째 아이가 결혼을 하고, 몇 해 뒤 둘째 아이도 결혼을 하게 되었다. 아이들의 행복한 모습에 기뻤고, 이제 이 아이들이 나와는 떨어진 인생을 살 수 있다는 사실이 기뻤다.

'이제 너희들 인생을 살아라. 나로 인해 고통받지 마라. 자연스레 그리 되겠지만 남편을 먼저 생각하고 자식을 먼저 생각해라. 그리고 그들과 함께 행복을 가꾸어나가라.'

아이들이 가정을 꾸리고 제대로 살아가게 되면 내 남은 인생은 덤이 된다. 마음대로 살아도 좋다는 뜻이 아니라, 하고 싶은 일이나 해야만 할 일을 할 수 있다는 뜻이다. 아이들은 각자 가정을 꾸려가기에 바쁠 것이고, 그런 만큼 내가 무엇을 하건 그에 따른 부담은 나와 아내의 몫이 될 것이다.

기쁜 마음으로 작은아이 결혼식을 준비하고 있는데 박근혜 전 대통령으로부터 연락이 왔다. 거국내각의 국무총리를 맡아달라는 내용이었다. 당연히 하지 않겠다고 했다. 임기가 13개월밖에 남지 않은 정부에서의 국무총리가 무엇인지를 모를 바 아닌 데다, 촛불정국으로 세상은 더없이 혼란스러웠다. 설령 내가 그 제안을 받아들인다고 해도 야당들이 인준을 해줄 리 없었다.

그러나 하루 이틀 뒤 생각을 바꾸었다. 나 편한 쪽으로만 판단할 때가 아니라는 생각이 들어서였다. 박근혜 전 대통령께 말했다.

"상황이 상황인 만큼 받겠다. 이대로 있을 수는 없을 것 같다. 그러나 인준 가능성은 10퍼센트 이하다. 그 10퍼센트에 도전하겠다."

국회 인준을 받게 되면 통상적인 총리는 하지 않겠다고 했다. 어차피 예산 통과시키고, 법안 통과시키는 일 등은 불가능한 상황이었다. 대신 대통령 후보들에게 숙제를 내주는 총리를 하겠다고 했다. 즉 현장 돌아다니며 여·야당 대통령 후보들에게 '산업 구조조정 어떻게 할래, 금융개혁 어떻게 할래, 또 인력양성체계 어떻게 바꿀래'라고 묻는 총리를 할 것이라 했다. 우리 시대의 과제는 뒤로 한 채 표 얻는 데만 몰두하는 이런 정치와 선거로는 나라가 안 된다고 했다. 그래서 그 10퍼센트에 도전하는 것이라고 했다.

또 그런 의미에서 인준이 되면 거국내각답게 야당 인사를 50퍼센트까지 앉히겠다고 했다. 내각 전체가 우리 시대의 과제를 고민하고, 이를 여·야 각 정당에 전달이라도 하는 모습을 보여야 한다는 의미였다. 그리고 부탁했다.

"일주일 뒤면 둘째 아이가 결혼을 한다. 발표는 이 이후로 해달라. 나로 인해 고생을 많이 한 아이다. 더 이상 나로 인한 부담을 안지 않았으면 한다. 오로지 이 아이를 위한 결혼식이 되었으면 좋겠다.

결혼식이 끝나면 바로, 내가 야당의 주요 인사들을 찾아가 직접 설명을 하고 협조를 구하겠다."

하지만 이 약속은 지켜지지 않았다. 결혼식을 며칠 앞두고 박근혜 전 대통령이 전화를 했다. 어쩔 수 없이 총리 후보 지명을 발표해야겠다는 것이었다. 그리고 그다음 날 아침, 결국 발표되고 말았다. 그것도 야당 대표에게 미리 통보하는 관례를 지키지 않은 일방적 발표였다.

민주당을 비롯한 야당들은 청와대 쪽의 일방적 발표에 크게 반발했다. 나 역시 당혹스럽기는 마찬가지였다. 청와대가 지명을 발표하면 지명을 받은 사람이 바로 수용 의사를 밝히는 것이 관례지만 그렇게 할 수가 없었다. 대신 박근혜 전 대통령을 찾아가 왜 이렇게 일방적 발표가 이루어졌는지를 물었다. 박근혜 전 대통령이 몹시 민망해하며 말했다.

"비서실장도 정무수석도 공석인 상황에서 차석(비서관)이 이를 챙겼는데…. 일을 처리하는 과정에서 뭔가 잘못되어 그렇게 되어버렸다."

모든 것이 딱한 상황이었고, 그대로 돌아와 다음 날 수용 의사를 발표했다.

결혼식은 엉망이 되었다. 강남의 호텔을 식장으로 잡고 있었는데 이를 바꾸라는 이야기에서부터 '꽃 장식을 줄여라, 싼 와인이라도 와인은 식탁에 올리지 마라, 신부 드레스를 바꾸라' 등 온갖 조언들이 쏟아졌다. 우리 쪽만의 결혼식이 아니었다. 신랑 쪽이 있었고, 결혼식장과 결혼식의 내용 등은 오히려 신랑 쪽 결정을 따라가는 상황이었다. 어떻게 이 모든 것을 바꿀 수 있었겠나.

그러나 어쩌겠나. 나름 할 수 있는 것을 다 했다. 청첩을 한 하객들에게는 '부디 참석하지 말아달라'는 메시지를 긴급하게 보내야 했고, 보내지 말아달라는 당부에도 불구하고 보내온 화환 대부분은 식장에 올라오지도 못한 채 폐기되었다. 미리 사둔 와인도 식탁 위에 오르지 못했고, 꽃 장식 또한 크게 줄여야 했다.

얼마 안 되는 하객들도 작지 않은 불편을 겪어야 했다. 엘리베이터에서 내리는 순간부터 방송사 카메라를 피해 다녀야 했고, '부디 참석하지 말아달라'는 부탁에 바로 아래층까지 왔다가 돌아가는 경우도 적지 않았다.

신부인 둘째 아이가 독백처럼 말했다.
"내 결혼식이 왜 이렇게 되어야 하지."
공직을 하면서, 또 권력 가까이 있으면서 적지 않은 고통과 부담

을 주었던 아이들, 다시 한번 미안했다. '그래, 네 결혼식조차 제대
로 지켜주지를 못했구나.'

# 아빠의 딸로 산다는 것

,

아빠가 공직에 몸담기 시작한 것이 2003년 대학교 1학년 때였다. 공직에 몸을 들여놓으셨지만 달라진 것은 없었다. 굳이 이야기한다면 공직 주변의 새로운 이야기를 듣는다거나, 기사가 운전하는 차를 타고 다니시는 걸 보는 정도였다. 흔히 말하는 돈? 권력? 그런 건 전혀 느낄 수 없었다. 나는 여전히 너무도 가정적인, 그리고 사랑이 넘치는 대학교수의 딸이었다.

교육부총리 지명이 있고 두 차례의 청문회를 거치면서, 그때서야 권력과 공직 주변이 그렇게 험하다는 걸 느낄 수 있었다. 세상에 있지도 않고, 하지도 않은 일로 아빠를, 그리고 우리 가족을 갈가리 찢기 시작했다. 설명을 해도, 또 해명을 해도 소용이 없었다.

그때 우리를 그토록 아프게 한 건 어떤 힘 있는 권력자의 칼도 아니었고, 비열한 자본가의 장난도 아니었다. 정의롭지 못한 사법체계나 그 어떤 거대한 악의적인 힘도 아니었다. 책임감 없는 글들, 절제

되지 않는 욕심과 욕망들, 각자 주어진 환경에서 살아남기 위한 나름의 몸부림들, 어쩌면 당연한 무심함들…. 나도 일부였을 그저 그런 것들이 우리 가족을 그렇게 힘들게 했다.

일하던 건물 엘리베이터에 TV가 있었다. 사람들이 꽉꽉 차서 다니던 그 엘리베이터에서 아빠 스스로 요청한 청문회가 생중계되고 있었다. 왔다 갔다 엘리베이터를 타야 할 일은 왜 그리도 많은지, 올라가는 엘리베이터 안에서도 나는 하염없이 가라앉았다. 세상의 가벼움은 정말 감당하기 힘들 정도의 무게를 가진 슬픔으로 다가왔다.

그런 상황에서도 아빠는 슬픔이나 분노를 가르치지 않았다. 아빠가 가르치신 건 원망하지 않는 방법이었다.
"원망하지 마라, 억울해하지 마라."
말 대신 따뜻한 포옹으로 말하셨고, 정말 괜찮다는 것을 증명하듯 당당한 걸음과 환한 미소를 보여주셨다.

아빠가 하신 몇 마디 말씀이 두들겨 맞은 가슴을 딱 알맞게 위로해주기도 했다.
"진실이 아빠 편이고, 아빤 그 진실을 기록에 남겼다. 그러니 이제 괜찮다. 그런 기록을 남길 기회조차 갖지 못하는 사람들도 많단다. 딸이 느끼는 것과 아내가 느끼는 것은 다를 수 있다. 엄마 마음이 너무 아픈 게 걱정이구나. 엄마를 보살펴줘라."

사실 그때 가장 충격적이었던 건 엄마의 무너진 모습이었다. 무슨 일에도 씩씩한 모습을 보이던 엄마였다. 힘든 일을 겪으면서도 언제나 웃던 엄마였다. 너무 밝고 강해서 사람이 아니라 천사라고 생각했던 적도 있었다. 그런 엄마가 아파했고 억울해했다. 그리고 딸들 앞에서 울음을 보였다.

엄마에게 말했다.
"엄마답지 않게 왜 그래."
엄마가 말했다.
"엄만 너희 아빠가 어떤 사람인지를 너무 잘 알잖니. 너희 아빠 같은 사람한테 어떻게 이럴 수가 있니…. 너희는 엄마가 지켜줘야 할 꽃들이고, 아빤 엄마가 기대던 나무여서 그래. 괜찮아질 거야. 너희 아빤 이것도 훌륭히 이겨낼 거니까. 엄마가 흔들려서 미안해, 미안해."

엄마 아빠께 언젠가 이렇게 말씀드렸다. 지나고 보니 큰 경험이 되었다고, 그런 면에서 한편으론 좋은 일이었다고. 두 분 모두 이렇게 말씀하셨다.
"야, 좋은 일은 아니지."

하지만 난 그때 정말 많이 배웠다. 그렇게 진한 배움의 기회가 그렇게 흔하겠는가.

이후 엄마 아빠는 여전히 집 안을 사랑과 지혜로 꽉꽉 채워주셨다. 원망이나 분노가 들어올 자리가 없을 정도로. 그 덕에 그때의 아픔들은 다시 한번 배움의 씨앗이 되었다. 그때 얻은 배움이다.

- 한마디 한마디 책임감을 가지고 말할 것.
- 사람에 대한 판단을 할 때는 충분히 그 사람의 입장이 되어볼 것.
- 보고 듣는 것들이 진실이 아닐 수도 있으니 언제나 더 깊이 살피고 고민할 것.
- 세상이 어두운 만큼 더 환하게 웃을 것.
- 바닥이 가벼운 세상인 만큼 더 단단하게 설 것.

그리고
결혼하면 엄마 아빠처럼 사랑할 것.

# 긴 망설임을 끝내며:
# 또 하나의 고백

책 내는 것을 망설인 또 하나의 이유가 있었다. 어찌되었건 자유한국당 비상대책위원장으로 정치에 발을 들여놓았다는 사실 때문이었다. 이런저런 정치인들이 너도나도 책을 내고 출판기념회를 하는 상황, 그 한가운데에서 책을 낸다는 게 무슨 의미가 있을까. 아이들 교육에 대한 나와 아내의 진심이 왜곡될까 두려웠다.

그러나 이러한 두려움 또한 이 책의 출간을 막지 못했다. 일종의 아이러니랄까. 정치에 발을 들여놓으면서 오히려 이 책을 내야 되겠다는 생각이 더 강해졌다. 다른 무엇보다도 진정한 변화는 정치로, 또 권력으로 이룰 수 있는 게 아니라는 생각이 더 강해졌기 때문이었다.

다른 이야기가 아니다. 변화가 극심한 가운데, 국가보다는 시장과 시민사회가, 또 정치지도자보다는 디지털 기반의 개인과 그 개인을 연결하는 네트워크와 플랫폼 등이 더 큰 역할을 하고 있다. 세계 곳곳에서 정치는 이러한 변화와 민심을 따라가는 데 급급한 모습을 보인다. 무작정 민심을 따라가는 대중영합주의와 대중의 고통을 자극하여 표를 얻고자 하는 선전과 선동, 또 그에 기반한 싸구려 영웅주의가 범람하고 있다.

연결된 개인들이 힘을 가진 사회, 이런 사회에 있어서의 변화는 오히려 우리 자신으로부터 나온다. 국가, 가족, 시장, 공동체, 문화, 관습 등 우리가 소중하게 생각해왔던 것들을 다시 생각하며, 이를 시대 변화의 흐름에 따라 새롭게 다듬어나가는 데에서부터 국가와 사회의 새로운 미래는 시작된다.

가족은 그 소중한 것 중 하나다. 낮은 혼인율과 높은 이혼율, 그리고 높아지는 혼외 출산 비율 등 가족제도가 심하게 흔들리고 있지만, 아직은 우리 사회의 기본을 이룬다. 부모와 자식의 관계 또한 마찬가지다. 우리 사회의 가장 기본적인 관계다. 과거와 같을 수도 없고, 또 같아서도 안 되지만 우리 모두가 다시 들여다보고 새롭게 다듬어갈 이유가 있다.

다시 말씀드리지만 이러한 고민의 일단을 담아 이 책을 썼다. 이 시대를 사는, 또 살아온 부모의 고민과 고통, 그리고 독백으로 읽어주셨기를 바란다. 아이를 잘 키운 성공담이나 아이를 잘 키우기 위한 지침서와는 거리가 멀다는 점, 다시 한번 말씀드린다.

# 또 하나의 가르침

아빠가 아이들을 어떻게 키웠는지에 대한 책을 쓰신다고 했을 때 당혹스러웠다. 그런 책은 그 아이들이 엄청난 성공을 했을 때나 쓰는 것 아닌가?

알고 있다. 우리 엄마 아빠는 분명 분에 넘치게 좋은 부모님이셨다. 결혼을 하고 아이를 낳아 키우면서 더욱 사무치게 느낀다. 딸로서가 아니라 두 아이의 엄마로서 엄마 아빠의 교육관에 고개를 끄덕이게 되는 경우가 너무나 많다. 그런데 이런 부모의 교육과 그 과정이 낳은 지극히 평범한 결과물…. 이를 어쩌나, 잠시 괴롭기도 했다.

그러다 느끼게 되었다. 아, 이건 우리에게 쓰시는 긴 편지구나. 결과가 자랑스러워서도 아니고, 따라 하라 내놓는 레시피도 아닌, 사랑하는 딸들에게 주는 공개편지구나. 세상의 모든 부모와 아이들이 좀 더 행복했으면 하고 내어놓는 그런 편지!

우리 자매를 무슨 마음으로 낳고, 어떤 생각과 어떤 고민으로 키우셨는지, 또 무엇을 기대하고 무엇을 내려놓으며 키우셨는지…. 우리 자매에게 있어 이 책에 담긴 이런 이야기는 엄마 아빠가 우리를 위해 펼친 그 긴 교육과정 끝에 놓인 또 하나의 커다란 가르침이자 선물이다.

# 엄마 되는 준비를 하며

30대 중반에 막 접어들고 있다. 나를 키운 엄마 아빠를 좀 더 객관적으로 바라보고 이해할 수 있게 되는 나이가 아닐까.

당연한 이야기이지만 어릴 때에는 뭐가 뭔지 몰랐다. 그러나 지금은 느낀다. 그냥 편하게 누리기만 하던 엄마 아빠의 교육과 삶의 방식이 얼마나 많은 성찰과 절제, 인격적인 성숙을 필요로 했는지.

만삭의 몸으로 한 아이의 엄마가 될 준비를 하는 요즈음, 서점에서 수많은 육아 관련 책을 마주하게 된다. 창의력, 자기주도, 부자 아이…. 대부분 이런 버즈워드buzzword들이 대세를 이룬다. 자기 자신이 더 좋은 사람, 더 좋은 엄마 아빠가 되기 위해서는 어떻게 해야 되는지에 대한 책들은 상대적으로 적다.

아직도 아이를 자기 욕망의 실현 도구로 생각하는 부모들이 많은 모양이다. 이런 가운데 엄마 아빠가 우리에게 행한 교육을 다시 생각하게 된다. 엄마 아빠는 딸들이 어떻게 됐으면 좋겠다는 욕심보

288

다는 스스로 좋은 부모가 되기 위해 애쓰셨던 것 같다. '도리불언하
자성혜桃李不言下自成蹊', '복숭아나무와 자두나무는 말을 하지 않아도
그 밑에 저절로 길이 생긴다'는 뜻이다.

나이가 들면서 엄마 아빠가 묵묵히 지켜온 신념과 덕이 우리 자매
를 얼마나 성숙하게 만들었는지 새삼 느끼게 된다. 가정의 신성함
과 소중함을 지키는 것, 자기 절제와 함께 자기 자신을 낮추는 것….
이러한 덕목들이 세속적인 성공보다 우리의 삶을 훨씬 더 풍요롭고
윤택하게 만드는 것임을 스스로 보여주셨기 때문이다.

# June's 패밀리
# 탄생 비화 秘話

귀한 만남들

# '그레이 구락부'의
# 꿈

## 수줍게 다가온 '친구'

내 인생에 있어 더없이 큰 의미를 지니는 친구가 있다. 남의 나라로 이민을 가 수십 년 동안 소식조차 제대로 주고받지 못했던 친구, 세상 풍파에 깎여 행여 예전의 그 모습이 아닐까 찾아보기조차 두려웠던 친구. 그는 그런 친구다.

1977년 대학원 첫 학기. 그 친구와 나는 수업 하나를 같이 들었다. 하지만 공부에 바빠서였을까. 한 학기 내내 서로 인사조차 나누지 못했다. 그러다 학기 말이 되었을 때, 작은 키에 어딘가 무겁고 어두워 보이는 모습의 그가 수줍게 다가왔다.

"언제 차 한 잔 할 수 있을까요?"

다음 주, 학교 앞의 커피숍에서 그가 여전히 수줍은 모습으로 물었다. 최인훈의 소설을 좋아하느냐고. 《광장》을 읽은 적이 있다고 말했다. 그가 다시 물었다. 《회색인》은 읽어보았느냐고. 언젠가 읽어보려 한다고 했다. 그가 가벼운 웃음을 지었다. 그러면서 몇 권의 책을 앞으로 내밀었다. 《회색인》을 포함해 모두 최인훈의 소설들이었다.

얼마 후 그와 다시 마주했다. 잘 읽었다는 인사와 함께 몇 마디 소감을 이야기했고, 그가 이어받아 또 이야기를 했다. 세 시간, 네 시간. 유신 말기의 억압적 상황, 지식인의 방황과 도피, 그리고 이념과 이데올로기의 허와 실 등 현실의 이야기가 소설 속 이야기로 이어지고, 소설 속 이야기가 현실의 이야기로 이어졌다.

헤어질 때 그는 더 이상 수줍게 다가서던 모습이 아니었다. 밝은 표정에 목소리에는 힘이 들어가 있었다. 깍듯한 존댓말도 어디론가 사라지고 없었다.

"나는 사람들에게 내 생각을 입혀보곤 해요. 저 사람은 시벨리우스의 〈핀란디아〉를 좋아할 것이다, 저 사람은 페미니스트일 것이다 등. 그런데 나중에 알고 보면 그게 아니거든. 그러면 내가 그린 세상이 다 깨어져 버려. 그래서 가까이 가고 싶은 사람일수록 가까이 가기가 겁이 나요. 그래서 때로 멀리서 보기만 해."

"…."

"사실, 이번에도 많이 망설였어요. 괜히 가까이 갔다가 또 상처를 입을까 봐. 그런데 이번에는 내 생각이 맞은 것 같아. 오랜만에 이렇게 길게 이야기 했어요."

속으로 생각했다. '희한한 친구네. 좀 이상한 것 같기도 하고.' 하지만 그런 그가 싫지 않았다. 몽환적夢幻的 분위기 속에서도 철학이 있고 논리가 있었다. 게다가 언어능력이 탁월했다. 같은 이야기도 그의 입을 통해서 나오면 다르게 들렸다. 훨씬 더 분명해지고, 훨씬 더 가슴에 와 닿는 이야기가 되었다. 두 번, 세 번, 만남이 거듭될수록 그 끝이 어딘지 파보고 싶어졌다.

때로는 거의 매일, 정말 시時도 때도 없이 만났다. 실제로 그는 시와 때를 잘 모르는 것 같았다. 늦은 밤이나 새벽에 하숙집으로 전화를 해 주인집 식구들을 깨우곤 했는데, 쫓아가 받으면, "지난번 말한 시 있잖아, 〈Juventus(유벤투스, 젊음)〉를 다시 읽었는데 지금까지 느낀 것 하고는 완전 달라. 한번 들어봐…" 하는 식이었다.

## 소설 <그레이 구락부 전말기>

그러던 그가 어느 날 은밀한 계획 하나를 털어놓았다. 최인훈의 1959년 작 단편 〈그레이 구락부 전말기〉에 나오는 구락부와 같은 모임을 만들고 싶다고 했다.

갑자기 오싹하는 기분이 들었다. 한국전쟁 이후의 어두운 현실을 피해 자기들만의 밀실로 숨어든 젊은이들의 모임, 소설 속의 '그레이 구락부'를 실제로 만들자고? 그래서 나에게 접근을 했다고? 한순간, 소설 속 구락부의 모습이 벼락 치듯 머리를 때렸다.

스스로 꽤나 높은 지성을 가진 지식인이라 생각하는 주인공 현과 K, M, C, 이들은 세상의 '속물들'과 떨어져 그들만의 '밀실', 즉 '8조짜리 방이 있는 너른 집'으로 스며든다. 그리고 그 속에서 어떠한 '움직임', 즉 의미 있는 일을 하지 않는다. 무엇을 하겠다고 '움직이는' 것이야말로 세상을 어지럽게 만드는 것으로 보았다. 전쟁과 가난 등 수많은 문제가 속물적 인간들의 '움직임'에 의해서 만들어지고 있다는 것이다.

이들은 말한다.
"우리는 움직임을 저주합니다. 나쁜 마음은 움직임에서 비롯됩니다."

296

그리고 믿는다.

"슬기의 새鳥 미네르바의 올빼미는 저녁노을이 질 때, 즉 우리 모두 낮 동안의 움직임을 멈추고 뉘우침과 참회의 계단 앞에 무릎을 꿇을 때만 나타납니다."

'움직임'이 없는 공간으로서 그들만의 '밀실'. 최인훈은 이를 이렇게 그린다.

"M은 사람이 오건 말건 레코드만 뒤적이며 앉아 있었고, K는 그림 도구를 가져와서 그림을 그리기도 하였다. 현은 난로와 창문 사이에서 서성거리며 지나는 게 일쑤였다. 추위를 타서가 아니고, 그 활활 타오르는 불길을 지루하지도 않은지, 한 시간이고 두 시간이고 들여다보고 있는 것이 그의 낙이었다. 난롯불을 들여다보고 있는 것이 낙이라면 웃을지 모르나 웃는 편이 속없는 일일지도 모른다."

이 구락부의 창립에 초대된 주인공 현은 이를 일종의 치기稚氣, 즉 유치한 장난 정도로 여긴다. 하지만 그는 곧 달라진다. 창립 선언문에서부터 지성인으로서의 '구원'을 느끼게 되고, 이후 이 구락부의 충성스러운 일원이 된다. 그러고는 세상과 격리되어 아무것도 하지 않은 채, 오로지 '창'을 통해 세상을 보기만 하며 지낸다. 도피? 소외? 아니면 격리 속의 관조라고 할까?

하지만 이들의 이러한 행동과 이를 정당화하는 지성인으로서의 자부심은 두 가지 사건에 의해 무너진다. 하나는 '키티'라는 여성 회원의 등장이다. 그녀를 둘러싼 회원 간의 심리적 갈등이 일어나면서 이들은 자신들 역시 여자를 좋아하고, 또 그 여자로 인해 질투를 느끼는 '속물'임을 느끼게 된다.

또 하나는 경찰 앞에서 보인 자신들의 비굴함이었다. 이들의 행동을 수상하게 여긴 경찰이 이들을 연행하는데, 조사를 하는 형사 앞에서 주인공 현은 또 한 번 살아남기 위해 속물이 된다. 자신들의 모임을 이렇게 격하시키면서….

"우린 그저 모여서 철학이나 문학에 대한 잡담이나 하고 소일하는 것뿐, 집이 너르고 하여 집에서 자주 만났다는데 지나지 않고….."

미네르바의 올빼미 운운하던 모습도, 도피와 소외를 정당화하던 높은 지성도 형사 앞에서 다 사라지고 말았다. 스스로를 '잡담이나 소일을 하며 지내는 인간들'이라 설명하며 살아남기 위해 버둥대는 모습, 그야말로 자신들이 저주한 '속물'보다 더 못한 자신들의 모습에 이들은 굴욕감과 자괴감을 느낀다.

그 굴욕감과 자괴감 때문이었을까. 경찰서를 나온 주인공 현은 키티, 즉 자신을 질투와 갈등을 느끼는 '속물'로 만들고 있는 이성異性에게 구락부로부터의 제명을 통보한다. 그러자 키티는 가소롭다는 듯 구락부에 대한 자신의 생각을 격렬하게 털어놓는다.

"무능한 소인들의 만화, 호언장담하는 과대망상증 환자의 소굴…. 순수의 나라? 웃기지 마세요…. 그레이 구락부의 강령이란 게 정신의 소아마비지, 풀포기 하나 현실을 움직일 힘이 없으면서 웬 도도한 정신주의는? 현실에 눈을 가린다고 현실이 도망합디까."

키티의 격렬한 비난에 주인공 현은 자존심을 지키기 위한 거짓말을 한다. 그레이 구락부는 무위도식하는 모임처럼 보이지만 사실은 반체제 단체였다고. 그래서 수사를 받고 있는 것이라고. 자신은 어찌어찌 빠져나왔지만 나머지 회원들은 쉽게 풀려나지 않을 것이라고.

그러나 그런 어설픈 거짓말이 자부심과 자존심을 지켜줄 수 있겠는가. 그는 곧 바로 "으하하하하…" 실성한 사람처럼 웃으며, 이렇게 '반체제 단체' 운운하는 것이 연기였다고 털어놓는다. 이에 키티는 탁상 위의 부엉이 박제로 현을 내리치고, 현은 피가 흐르는 얼굴로도 그 괴이한 웃음을 멈추지 않는다.

한바탕 소란이 일어난 뒤, 현은 언제인지 모르게 잠이 들고, 잠에서 깨어난 뒤 소파에 잠들어 있는 회원 M과 키티의 얼굴을 본다. 그리고 그가 높은 지성을 가진 특별한 사람이 아닌, 그저 한 여자를 좋아할 수 있는 남자임을 느낀다. 지금까지 쓰고 있던 지성 운운하는 탈을 벗고 싶은 마음도 생긴다.

"왜 산다는 것은 이렇게 재미있을까?"

그는 눈부신 해가 솟는 아침을 그리며 다시 못다 잔 잠 속으로 빠진다.

그레이 구락부, 그런 그레이 구락부를 진짜로 만들어보자고? 어디까지? 지성인 운운하며 '속물'과 격리된 '밀실'에서 그 어떤 의미 있는 '움직임'도 거부하는 데까지? 아니면 스스로의 모순에 스스로를 부정하며, 결국 '속물'로 돌아오는 데까지?

그에게 말했다. 소설은 소설로 그쳐야 한다고. 그야말로 치기稚氣 아니냐고. 소설 속에서도 결국은 끝장이 나지 않느냐고. 그가 무거운 표정으로 말했다. 오랫동안 생각해왔다고. 그리고 이제야 같이 할 사람을 찾았다고 생각했다고. 그러면서 말했다.

"어차피 속물로 살 거잖아. 짧지 않은 인생을 말이야. 잠시 아닌 척했다가 다시 돌아오면 안 돼?"


그런 '그레이 구락부'를?


며칠 지나 그가 전화를 했다. 프랑스 문화원에서 영화를 상영하는데 꼭 보여주고 싶다고 했다. 로베르 앙리코 감독의 1967년 작〈레자방튀르Les Adventure, 대모험〉, 아름답고도 슬픈 이야기의 영화였다.

아프리카 바다 속에 가라앉은 보물을 찾는 과정에서 두 남자, 마뉘(알랭 드롱 분)와 롤랑(리노 벤추라 분) 모두 레티시아(조안나 심커스 분)를 지극히 사랑하게 된다. 더할 수 없는 우정을 가진 두 남자의 한 여자를 향한 사랑. 영화는 이 실현되기 힘든 사랑을 바닷속 보물을 찾은 후, 여자 주인공 레티시아가 같은 보물을 노리던 갱의 총에 맞아 죽는 것으로 정리한다.

레티시아가 죽은 후 롤랑은 그녀가 살고 싶다던 바다 위의 요새를 사들여 이를 개발하며 살 생각을 한다. 마뉘 역시 롤랑과 죽은 레티시아를 그리워하며 이 섬을 찾는다. 하지만 갱은 여기까지 추적해오고, 그 갱의 손에 마뉘가 죽는다. 죽어가는 마뉘에게 롤랑이 말한다.
"레티시아는 너와 살고 싶어 했어."
마뉘의 얼굴에 마지막 미소가 번진다.
"거짓말…."

바다 위에서 세 사람의 행복했을 때의 모습과 알랭 드롱의 노래 '레티시아', 그리고 레티시아를 수장시키던 바닷속의 푸른빛과 그 빛을 감싸는 음악, 또 기괴한 바다 위 요새의 모습과 그 위에서의 총성과 또 다른 죽음…. 여운이 오래 남는 영화였다.
영화를 본 뒤 장위동에 있는 그의 집으로 같이 갔다. 그가 버스 안에서 지갑 속 사진 한 장을 꺼냈다. 엷은 미소의 젊은 여성, 미인이었다.

"누구지?"

(또 한 장의 사진을 보여주며) "이 친구 와이프."

"친구 사진이야 그렇다 치고, 친구 와이프 사진은 왜 가지고 다녀."

"우리 셋이 서로 좋아했거든. 친구로….."

"〈레 자방튀르〉처럼?"

"응, 그런데 그 둘이 결혼한 거지. 지금은 로스앤젤레스로 이민 가 있어."

"어쨌든 그 친구가 알면 기분이 좋지 않을 것 같은데."

"아니야. 이 사진 얼마 전에 그 친구가 보내줬어. 가지고 다니라고."

"…."

그는 밤늦게까지 친구와 그의 아내 이야기를 했다. 그 친구와 한 동네에 살면서 같이 학원을 다니던 일, 그러다 같은 학원을 다니던 이웃 동네 여학생을 알게 되고, 그래서 셋이 같이 집으로 돌아오곤 했던 이야기까지.

시간이 조금 지나 그와 그 여학생은 대학에 진학했다. 그러나 형제들이 있는 미국으로 이민을 가기로 한 그 친구는 군대에 갔다가 의가사 제대를 했고, 이후 미국 이민비자가 나오기를 기다리고 있었다. 서로 다른 처지였지만 셋은 늘 함께했다. 음악을 들어도 같이 들고, 영화를 봐도 같이 봤다. 더없이 행복한 시간들, 그는 이런 날들이 계속되기를 꿈꾸었다.

하지만 대학을 졸업할 때쯤, 그는 친구와 그 여학생의 관계가 그냥 친구 사이가 아님을 확인하게 되었다. 그 친구가 말했다.

"미안하다. 어쩔 수 없이 이렇게 되었다. 둘이 결혼해서 미국으로 가겠다."

이 둘의 '배신'에 그는 홀로 통곡을 했다.

"너희들이, 너희들이 어떻게…"

그러나 어떡하겠나, 이들을 축복하는 수밖에.

얼마 가지 않아 이 둘은 결혼을 했다. 그리고 미국으로 떠났다. 가진 것 하나 없이 빈손으로 떠나는 이민이었다. 걱정과 서운함이 가득한 그에게 친구가 말했다.

"어떡해서든 살아볼게. 너도 결혼해서 미국으로 와라. 그렇게 해서 또 같이 살자."

밤이 깊어갔다. 그가 옆으로 누운 채 허허 웃으며 말했다.

"이 친구들이 가고 난 다음에는 친구가 없었어. 누구를 만나도 바다 위에 떠 있는 섬처럼 느껴졌어. 나는 이 섬, 너는 저 섬, 바다 밑 땅으로는 서로 연결은 되어 있지. 고함을 지르면 서로 들릴 것 같기도 하고. 하지만 발을 굴러도 서로 느끼지 못하고, 큰소리로 외쳐도 서로 잘 듣지도 못해. 그러다 보니 발 몇 번 구르고 고함 몇 번 질러 보다 그만두는 거야."

"…."

"그래서 그레이 구락부 같은 걸 생각했어. 발 구르지 않아도, 고함 지르지 않아도 서로 느낄 수 있는 사람들이 그리운 거지."

그의 이야기에 넘어가버린 것일까. 결국 이렇게 말하고 말았다.

"꼭 그레이 구락부 어쩌고 할 것 있어? 그냥 서로 좋은 사람들이 모여 차 한 잔, 술 한 잔 하면 되는 거지. 그레이 구락부 어쩌고 하니까 괜히 부담스럽잖아. 그냥 이런저런 생각 있는 사람 몇 명이서 한 번씩 만나기로 하지. 꼭 무슨 모임이다 하여 묶을 필요도 없고."

결국 그의 제안을 반 이상은 수용하게 된 셈이 되었다.

# 만남:
# 우리의 '키티'

### '키티'의 등장

소설 속 그레이 구락부 멤버는 주인공 현을 포함해서 넷, 우리도 그 정도면 되었다. 모임을 고집한 그와 나, 둘은 확보되었으니 두어 명만 더 있으면 되었다. 하지만 이게 쉽지 않았다. 이 사람은 이래서 안 되고, 저 사람은 저래서 안 되고. 여러 명이 떠올랐다 사라지고, 사라졌다가는 다시 떠오르고 했다. 그러다 내린 결론은 '이 사람 저 사람 같이 자리를 해보자. 그러다 계속 만나면 만나는 것이고, 그렇지 않으면 그만두는 것이고'였다.

그렇게 하면서 신문사 사진기자인 Y가 회원이 되었다. 그리고 어문학을 하는 D와 지역 연구를 하는 K 등 몇 사람이 자주 어울리는

'동반 회원'쯤이 되었다. 나 나름 가졌던 '영입 기준'은 하나, 이 친구를 좋아하고 잘 어울릴 수 있으면 그만이었다. 그를 좋아하는 사람들이라면 나도 그들을 좋아할 것 같았다.

모임은 소설 속 그레이 구락부와는 많이 달랐다. '8조짜리 방이 있는 너른 집'을 아지트로 가진 것도 아니고, '움직임'을 저주하는 창립 선언문 따위가 있는 것도 아니었다. 모임의 내용을 밖으로 알리는 자에 대해서는 '속물'로 규정함으로써 '정신적 암살'을 하겠다는 '비밀결사'의 규약 같은 것도 없었다.

그냥 만나고 그냥 이야기했다. 주로 명보극장(현 명보아트홀) 뒷골목의 막걸리 집들을 전전했는데, 때로 두 사람, 때로 세 사람, 또 때로는 넷 다섯, 수시로 만나 떠오르는 대로 이야기했다. 그때 알았다. 들어봐야 할 음악과 노래가 그렇게 많고, 한 번쯤 봐야 할 책과 영화가 그렇게 많은지를. 또 나누어야 할 이야기가 그렇게 많고, 슬퍼하고 행복해할 사연들이 그렇게 많은지를. 누구의 인생이든 시가 되고 소설이 되고, 어떤 문제든 철학적 논쟁의 소재가 되었다.

다들 좋아했다. 특히 그가 그랬다. 지금도 그때 찍은 사진이 몇 장 있는데, 그의 얼굴에는 행복한 기운이 가득하다. 그때만 해도 바이올린이나 아코디언을 연주하는 거리의 악사들이 막걸리 집들을 돌아다니곤 했는데, 이런저런 이야기를 하며 막걸리 잔을 기울이다 이들의 연주에 장단을 맞추다 보면 이게 바로 소설 속의 한 장면 아닌가 하는 생각이 들곤 했다.

그러던 어느 날, 그가 나와 사진기자 Y에게 말했다.

"우리도 그레이 구락부에서처럼 여성이 있어야 하는 것 아니야. '키티' 말이야?"

나와 Y 둘 다 반대했다.

"그레이 구락부 병이 또 도졌네. 됐어, 그만해."

하지만 그는 고집했다. 다음에 모였을 때도, 또 그다음에 모였을 때도. 결국 그의 주장이 받아들여졌다. 사실상 굳이 끝까지 반대할 이유가 없었다. 단 두 가지 조건이 있었다. 회원 모두가 동의하는 사람이어야 한다는 것, 그리고 그 누구도 '연정'을 품어서는 안 된다는 것이었다.

그날부터 그는 '키티'를 찾는 데 열중했다. 주변의 대학원생 등을 추천하기도 했는데, 한번은 퇴계로 입구에 있는 칵테일 바의 여성 바텐더를 추천해 '격렬한 논쟁'을 불러일으키기도 했다. 어쨌든 여러 여성이 자신도 모르는 사이에 '심사'를 받았다. 그러고는 '불합격' 처분을 받았다.

그러던 중 사진기자 Y가 한 사람을 추천했다. 이화여대 사회학과 3학년 학생이라고 했다. 이화여대 교지인 〈이화〉의 편집장을 맡고 있고, 당시 학생들 사이에 꽤나 유행하던 독서운동에도 관여하고 있다고 했다. 자신이 가끔 교지 편집을 위한 자문을 해주고 있어 말은 건네볼 수 있다고 했다.

다음 모임, Y가 그 여학생을 데리고 나왔다. 우리와 네 살 내지는 다섯 살의 차이, 하지만 우리와 잘 어울렸다. 무엇보다 태도, 말, 표정이 맑고 밝았다. '회원들' 간에 눈빛이 오고갔다. '오케이!'

이후 그녀는 우리와 같이 했다. 뭔가 현학적인 분위기에 거부감을 느낄 수도 있었다. 그레이 구락부를 '과대망상증 환자의 소굴'로 정의했던 소설 속의 키티처럼. 하지만 그러지 않았다. 엉뚱하고 무리한 이야기들도 때로는 진지하게, 때로는 가볍게 받아주었다. 대학 3학년으로서의 수업 일정 등이 있는지라 매번 같이 할 수는 없었지만 그래도 자주 어울렸다.

덕분에 모임의 분위기도 좋아졌다. 후배 여학생이 주는 자극이 없을 수 없었던 모양이었다. 하지만 하는 일은 늘 같았다. 술 한 잔 앞에 두고 떠오르는 대로, 또 누군가가 던지는 대로 이야기하는 것, 그 이상도 이하도 아니었다. 특별히 하는 일도, 특별히 하는 놀이도 없었다. 특별히 어디를 가는 일은 더더욱 없었다. 술을 마시는 것도 그랬다. 술이 우리를 끌고 가는 경우는 단 한 번도 없었다. 당연히 2차, 3차도 없었다.

그래도 그게 좋았다. 우리만 그렇게 느낀 게 아니라 다른 사람 눈에도 그래 보였던 모양이다. 일화 하나를 소개하면, 한번은 어디서 돈이 조금 생겼는지 무교동의 괜찮은 레스토랑에서 모였다. '혁명'이 우연이냐 필연이냐 따위의 이야기를 하고 있는데 웨이터가 술을 한 병 들고 왔다. 웬 술이냐고 물으니 옆 자리 손님이 보내는 것이라고 했다. 돌아보니 40대 중반쯤으로 보이는 남자 한 분이 가볍게 목례를 하며 받아달라는 손짓을 하고 있었다. 그가 말했다.

"본의 아니게 이야기를 엿들었다. 일행이 다 갔지만 이야기를 더 듣기 위해 혼자 남아 있었다. 보고 듣는 것만으로도 기분이 좋다. 그리고 부럽다. 이런 이야기들을 이렇게 진지하게 나눌 수 있는 친구들이 있다는 것이. 술 한 병이라도 사드리고 일어섰으면 한다. 받아달라."

### '키티 어때? 여자로서 말이야'

1979년 2월, 많은 변화가 생겼다. 우선 그가 대학원을 마치면서 경제 관련 국책연구원의 연구원으로 취업을 했다. 소설 〈그레이 구락부 전말기〉의 표현을 빌리자면 이제 그는 더 이상 '창'을 통해 세상을 바라보기만 할 수 없게 되었다. 아침마다 출근해서 조직생활을 해야 했고, 또 보고서를 써야 했다. '창' 너머의 '속물적' 세상살이가 오히려 일상이 되었다.

D와 S도 대학원 졸업과 함께 유학을 가게 되었고, Y도 조만간 기자생활을 그만두고 유학을 간다고 했다. 싫다 좋다 할 일이 아니었다. 우리 인생의 시계는 그렇게 흐르고 있었고, 그가 이야기했듯 그 시계를 따라 우리는 언젠가는 갈 수밖에 없는 세상을 향해 가고 있었다.

나는 취업과 프랑스 유학 사이를 오락가락하고 있었다. 한동안 취업을 생각했으나 아무래도 아닌 것 같아 그 생각을 접었다. 그렇다고 프랑스 유학에 대한 확신도 서지 않았다. 등록금이 없는 나라인 것까지는 좋은데, 미국 유학이 주류를 이루고 있는 분위기를 생각할 때 돌아온 뒤 무엇을 할 수 있을까 걱정이 되었다.

이런저런 고민을 안고 대구 주변 사찰에 들어가 있는데 지도교수께서 찾으셨다. 바로 서울로 올라와 찾아뵈었는데, 연구실을 들어서자 바로 이렇게 말씀하셨다.
"미국 갈 생각 있어? 델라웨어 대학University of Delaware 스칼라십(장학금)으로."

생각지도 않았던 일, 그야말로 인생이 바뀌는 순간이었다.

사실, 전혀 모르는 일은 아니었다. 지도교수께서 델라웨어 대학 장학금을 받아주실 수 있다는 것을 알 만한 제자들은 다 알고 있었다. 그러나 다른 제자들도 있는데, 본교도 아닌 타교 출신, 그것도 지방대학을 나온 내가 그 대상이 될 수 있다는 생각을 해본 적이 없었다. 그러니 유학을 생각해도 늘 프랑스만 생각하고 있었다.

어쨌든 몹시 바빠졌다. 준비해야 할 것이 한두 가지가 아니었다. 토플만 해도 서울은 마감이 되어 광주까지 내려가서 봐야 했다. 대학원 입학에 필요한 GRE<sub>Graduate Record Examination</sub>는 결국 날짜를 맞추지 못해 미국에 가서 시험을 보겠다는 약속을 했다. 모두 일정 수준 이상의 점수를 얻어야 하는 시험이었고, 마음도 불안했다.

그뿐만이 아니었다. 당시만 해도 속칭 '유학고시,' 즉 해외 유학 자격인정시험이 있었다. 사회과학 전 분야에 불과 500~600명 정도만 합격시키는 시험인데, 이것 때문에 유학길이 막힌 사람들이 수두룩했다. 유학을 가고자 하는 나라의 언어와 역사, 그리고 논술 시험을 치르는데, 특히 역사시험이 만만치 않은 것으로 소문이 나 있었다.

몇 달간 대구 집으로 내려가 준비를 했다. 구락부의 다른 친구들도 마찬가지로 모두들 유학 준비 등으로 잘 모이지 못했다. 나중에 안 이야기이지만 '우리의 키티' 역시 몸이 불편한 일도 있고 해서 나름 어려운 시간을 보내고 있었다. 이래저래 모임 자체가 해체되는 분위기였다.

그렇게 몇 달이 지나고, 모든 준비가 끝났다. 이제 한두 주일 후면 출국을 해야 하는 상황이었다. 그때 그가 그의 집으로 나를 불렀다. 둘이서만 보자고 했다. 자고 올 생각으로 아예 늦게 그의 집으로 갔다.

밤이 깊어갔다. 마신 맥주병들을 정리하고 이부자리를 펴고 누웠다. 불을 껐으나 창밖에서 들어오는 엷은 빛에 서로의 윤곽을 확인할 수 있었다. 그가 옆으로 누워 한 손으로 턱을 괸 채 말했다.

"우리의 키티…."

"응."

"어떻게 생각해?"

"뭘, 다들 괜찮은 친구라고 하잖아."

"아니, 그런 것 말고 여자로서 말이야."

"왜? 어떻게 해보려고?"

"아니, 나는 아니고."

"그럼 뭐야?"

"괜찮은 여자잖아. 병준 씨하고 둘이서 어떻게 해보면 안 될까?"

"나? 나하고 결혼?"

"응."

"농담하지 마. 우리가 무슨 결혼을 해. 걔는 이제 대학 4학년이야. 졸업도 안 했어."

"누가 내일 하래. 미국 가 있다가 내년쯤 들어와서 하면 되잖아. 이미 잘 아는 사이니 떨어져 있다고 해서 문제될 것도 없고…. 미국에 가 있는 동안 나하고 Y가 잘 만들어볼게."

'농담하지 마라', '농담 아니다', '여자로서 싫은지 좋은지만 말해라', '좋기야 하지' 등의 이야기가 이어졌다. 그리고 그 끝에 그가 결론을 내렸다.

"나는 이보다 더 좋은 커플이 없다고 생각해. 우리 모임은 소설 〈그레이 구락부 전말기〉처럼 끝나서는 안 돼. 좀 더 완결적이어야 해."


잠을 청했지만 잠이 오지 않았다. 이 친구들이 분명 일을 저지를 터인데, 이 일이 어떻게 될까? 갑자기 여자로 확 다가온 키티가 밤새 가까워졌다 멀어졌다 했다.

# 아내가 된 키티

   1979년 8월 17일. 하루 종일 비가 억수같이 내리던 날, 나는 출국을 했다. 로스앤젤레스를 거쳐 디트로이트로 가고, 그곳에서 좀 지내다 델라웨어로 가는 여정이었다.

   잠시 옆으로 가는 이야기이지만 배웅 나온 그가 내 손을 꼭 잡으며 당부했다. 로스앤젤레스에 가면 한때 〈레 자방튀르〉 영화처럼 살고자 했던 그의 친구와 그 친구의 부인을 꼭 만나라고. 아니, 꼭 만나야 한다고. 그러면서 말했다.

   "나도 이런저런 준비가 되면 미국으로 갈 거야. 로스앤젤레스 쪽이 되겠지만."

   로스앤젤레스에 도착하자마자 바로 그의 친구에게 전화를 했다. 그리고 그다음 날, 큰 키에 환한 미소의 그를 만났다. 그리고 바로 그 부부가 운영하고 있는 패스트푸드 식당으로 갔다. 그가 아내를 가리키며 말했다.

   "서울의 그 친구, 이 사람 너무 좋아하죠? 나보다 훨씬 더 좋아해, 하하. 그 친구 미국에 올 거예요. 우리 두 사람 때문에라도 올 거예요."

   그의 아내도 밝게 웃으며 말했다. 그가 올 때를 생각해 열심히 산다고. 그래야 그 친구에게 도움이 될 수 있지 않겠냐고.

아무튼 그렇게 시작한 미국생활, 쉽지 않았다. 모든 것이 낯설었다. 특히 수업을 따라가는 게 그랬다. 말은 잘 통하지 않고, 과제는 쏟아졌다. 세미나 수업에서는 홀로 벙어리가 되어 그 열띤 토론을 지켜만 봐야 했다. 수업이 끝날 때마다 다짐을 했다. '다음 주는 꼭 한마디 해야지.' 하지만 다음 주도, 다음 주도 결국 마찬가지였다.

한번은 교수가 '다음 주에는 간단한 시험quiz이나 한번 볼까'라는 농담을 진담으로 알아듣고 일주일 내내 밤을 새워가며 책을 외웠던 적도 있었다. 농담과 진담조차도 구별하지 못하는 형편, 서울 생각을 할 겨를이 없었다.

그렇게 1년 가까이가 지나고, 그나마 정신을 좀 차리게 되었을 때, 그가 키티 이야기를 전해왔다. 대학 졸업 후 국책연구원에서 일하고 있다는 이야기, 나와의 결혼 이야기를 해보았는데 반응이 나쁘지 않다는 이야기 등이었다. 자신의 생각도 그렇고, Y의 생각도 그러니 무조건 서울로 나오라 했다. 편지 전체에 그 특유의 들뜬 기운이 꽉 차 있었다.

새삼 키티가 내 가슴을 가득 채웠다. '반응이 나쁘지 않다는 말이 무슨 말일까?' 반은 기쁨, 반은 두려움, 하늘빛이 하루에도 열두 번 변했다. 하루도 더 기다릴 수 없을 것 같았다. 학기가 끝나는 일정에 맞춰 바로 서울로 가는 비행기를 예약했다.

　서울로 돌아온 후 그와 Y를 만났다. 이들은 우리 둘을 묶는다는 사실에 흥분해 있었다. 미국생활 이야기는 물어보지도 않고 곧장 '작전 지시'를 해댔다. 이성을 사귀는 문제나 프러포즈를 하는 데 있어 이들 역시 '숙맥'이긴 마찬가지였다. '철 지난 수법' 내지는 오히려 황당하기만 한 '전략'을 신나게 이야기했다. 변하지 않은 이들의 모습, 오랜만에 너무나 좋았다.

　'작전'은 뒤로 한 채 그녀에게 바로 전화를 했다. 그리고 만났다. 서로 못 본 사이에 많은 일을 겪어야 했던 모양이었다. 내가 출국하던 바로 그날, 비가 억수같이 오던 날 새벽, 아버지가 돌아가셨다고 했다. 전날 밤늦게 들어오신 후 심한 두통을 호소하셨고, 이에 급히 병원으로 이송했지만 유명을 달리하시고 말았단다. 당시 대학 4학년, 동생 셋을 둔 큰딸로서의 마음이 어떠했을까.

　머리카락이 한 올 한 올 칼로 자르듯 부서져 나간 일도 있었다고 했다. 아버지가 돌아가시기 직전, 안동지역에 대학생활 마지막 봉사활동을 다녀온 후 시작된 일이었다. 이후 몇 달간 머리카락은 다 빠지고 말았단다. 원인을 알 수도 없었고, 다시 난다는 기약도 없었다. 다행히 다시 나기는 했지만 이 또한 작은 일이 아니었을 것이다.

316

서울에 있었다고 해서 무슨 도움이 되었겠냐만 왠지 미국에 가 있었다는 것이 미안했다. 하지만 여전히 밝고 긍정적이었다. 덕분에 못 보는 동안 서로가 겪었던 어렵고 힘든 일들을 비교적 가볍게 이야기할 수 있었다.

며칠 뒤 이른 아침, 우리는 강릉으로 가는 버스를 탔다. 꼭 강릉이 아니라도 좋았다. 하루 일정으로 되도록 멀리 가고 싶은 마음이었다. 버스를 타고 가는 동안 그와 Y가 준 '작전 지시'가 내내 머릿속을 채우고 있었다.

"약혼이라도 하고 가야 할 것 아냐. 이번 주를 넘기면 안 돼."

내 생각과 유일하게 합치된 조언이었다.

강릉에 도착한 후 우리는 해변으로 갔다. 그리고 그 해변에서, 나는 두렵고 떨리는 마음으로 프러포즈를 했다. 그와 Y가 자신감을 가지라고 했지만 그리 되지 않았다. 말을 해놓고도 무슨 말을 어떻게 한지도 모를 정도였다. 그런 가운데 수락받은 것 같은 느낌이 전해졌다. 달리 할 말이 없었다. 그냥 서로의 손을 꼭 잡았다.

강릉에 더 머물고 싶지 않았다. 바로 가족과 친구들에게 알리고 싶었다. 곧장 터미널로 가서 서울로 돌아가는 버스를 탔다. 버스 안팎의 세상은 달라져 있었고, 우리 또한 조금 전까지의 모습이 아니었다. 서울로 오는 내내 우리는 가족 이야기와 우리에게 다가올 미래를 이야기했다.

미국으로 돌아가기 전 약혼을 하기로 했다. 그런데 문제가 생겼다. 그녀의 어머니 입장에서 내가 많이 부족해 보였던 모양이다. 왜 그러지 않았겠나. 명문 여고와 명문 대학을 나온 딸을 실업계 고등학교와 지방대학을 나온 청년에게 시집보내고 싶은 부모가 어디 있겠는가. 게다가 앞으로 뭐가 될지 모르는 불안한 신분에다, 체중이 50킬로그램 정도밖에 나가지 않는 빈약한 모습이었다.

어머니 주변의 반대는 더욱 심했다. 친구들 중에는 어떻게 이런 혼사를 할 수 있느냐며 울며 만류하시는 분들도 있었고, 아버지가 살아계셨으면 이 혼사를 허락했겠느냐고 말씀하시는 분들도 있었다. 어머니는 어머니대로 속이 상할 대로 상하셨다. 나로서는 아무 할 말이 없었다. 그냥 열심히 살아보겠다는 이야기 외에는….

한동안의 힘든 시간이 지난 뒤, 당사자의 뜻을 존중하자는 결론이 났다. 그리고 미국으로 들어가기 직전 약혼을 할 수 있었다. 1980년 8월이었다. 결혼은 겨울방학 때 나와서 하기로 했지만, 혼인신고는 약혼 후 바로 했다. 결혼식 전에 미리 미국비자를 받아두는 편이 좋다고 생각했기 때문이었고, 그러기 위해서는 혼인신고가 되어 있어야 했다.

걱정도 많고 할 일도 많아서였을까. 신부 쪽에서 약혼식에 입을 양복 한 벌을 해주었다. 그런데 정작 약혼식 하는 날, 이 양복을 대구 집에 놔두고 왔다. 어떡하겠나. 그레이 구락부 친구들과 같은 색깔, 같은 모양의 양복을 찾아 양복 매장을 헤매고 다녔다. 겨우 한 벌 찾아 바지 길이만 고쳤는데 어딘가 어색했다. 약혼식 내내 신부 쪽에서 누군가 알아볼까 가슴을 졸였다. 그렇지 않아도 마음에 차지 않는 사람, 그 불편한 마음을 더하게 될까 걱정이 되어서였다.

약혼 후 혼자 델라웨어로 돌아갔다가 그해 말 다시 나와 결혼식을 올렸다. 1980년 12월 30일이었다. 서울이 아닌 대구의 예식장에서 결혼식을 올렸다. 신부 쪽 입장에서는 또 한 번 마음에 들지 않는 일이었다. 하지만 어쩔 수 없었다. 병환이 깊어진 아버지가 멀리 움직이실 수 없었기 때문이었다.

신혼여행도 간단하게 다녀왔다. 부산에서 일박, 통영에서 일박, 그것이 전부였다. 곧 미국으로 가야 하는 마당에 굳이 좋은 곳으로 길게 갈 필요가 없기도 했지만, 기울 대로 기운 집안 형편이 그 이상을 허락하지 않았다.

사실 미국으로 돌아갈 여비조차도 없었다. 더 이상 돈을 빌릴 곳도 없는 상황이었다. 결국 신부 쪽에서 시어머니에게 해준 금비녀 등 패물을 팔아 비행기 표를 샀다. 병석에 누운 아버지는 아무것도 모르는 상황이었고, 어머니는 눈물을 보였다.

"미안하다, 이 형편이라…. 사돈과 며느리 볼 낯이 없다. 어쨌든 잘살아라. 잘사는 게 갚는 길이다."

인사를 하고 집을 나서며 아내에게 말했다.

"아버지께는 마지막 인사를 드린 것 같아. 오래 못 사실 거야."

아내가 놀란 얼굴로 쳐다보았고, 나는 다시 말했다.

"우리를 보는 아버지 눈빛에서 읽었어. 아버지도 알고 계셔. 살아생전에는 우리 부부를 다시 볼 수 없다는 것을."

이래저래 답답하고 어려운 상황, 우리의 결혼생활은 이렇게 시작되었다. 미국 델라웨어에서, 양가 모두의 걱정과 기대, 그리고 안타까움을 안고. 나는 27살, 아내는 23살이었다.